Friedhelm Heitmann

#einfachmathemagisch – Potenzen und Wurzeln

Schülerarbeitsheft

Gedruckt auf umweltbewusst gefertigtem, chlorfrei gebleichtem und alterungsbeständigem Papier.

1. Auflage 2020

Covergrafik: © zagory - Shutterstock.com
Grafik: Satzpunkt Ursula Ewert GmbH, Bayreuth
Satz: Satzpunkt Ursula Ewert GmbH, Bayreuth

ISBN: 978-3-403-20614-9

www.persen.de

Inhalt

Das Thema *Potenzen und Wurzeln* besitzt einen festen Stellenwert im Mathematikunterricht der Sekundarstufe I. Von daher befasst sich der vorliegende Band mit der genannten Thematik – und zwar allgemeinverständlich und in kleinen Schritten. Der Band vermittelt und festigt Grundkenntnisse und überprüft diese. Im ersten Teil geht es um Potenzen, im zweiten Teil um Wurzeln. Für die Schüler heißt es u. a., erworbene Kenntnisse bei der Bearbeitung von Textaufgaben zu beweisen. Am Ende des Bandes stehen jeweils zwei Tests und Lernerfolgskontrollen zur Verfügung.

Potenzen – Was sind das?

Potenzen sind geschriebene Kurzformen (= Verkürzungen) für das Malnehmen (= die Multiplikation) gleicher Zahlen oder Variablen (= Platzhalter). Das Wort Potenz stammt aus der lateinischen Sprache: potens (lat.) = mächtig, stark, fähig.

Beispiele für Potenzen sind:
5^2 Man spricht: „5 hoch 2". Das bedeutet $5 \cdot 5$
4^3 Man spricht: „4 hoch 3". Das bedeutet $4 \cdot 4 \cdot 4$
x^2 Man spricht: „x hoch 2". Das bedeutet $x \cdot x$

Hinweis: x ist eine Variable.

Die jeweils unten stehende Zahl bzw. Variable ist die Basis (= Grundzahl).
basis (griech./lat.) = Boden, Grundmauer, Sockel
Die Basis gibt an, welche Zahl bzw. Variable malgenommen wird.

Die kleine, oben stehende Zahl ist der Exponent (= Hochzahl).
exponere (lat.) = herausstellen, heraussetzen
Der Exponent sagt aus, wie oft die Basis malgenommen wird.
Das Ergebnis ist der Potenzwert.

Beispiel: $5^2 = \mathbf{25}$
Das Verb (= Tätigkeitswort) zum Nomen (= Hauptwort) Potenz heißt potenzieren.

Aufgabe:
Erkläre in eigenen Sätzen, was Potenzen sind.

Potenzen mit natürlicher Basis und natürlichem Exponenten

Die jeweilige Basis (= Grundzahl) sagt aus, was malgenommen (= multipliziert) wird. Der dazu rechts oben genannte Exponent (= Hochzahl) gibt an, wie oft die Basis multipliziert wird.

Steht als Exponent eine kleine 1, wird die Basis nur noch einmal aufgeschrieben. **Beispiel:** $2^1 = 2$

Steht als Exponent eine kleine 2, wird die Basis einmal mit sich selbst multipliziert. **Beispiel:** $8^2 = 8 \cdot 8 = 64$

Steht als Exponent eine kleine 3, wird die Basis zweimal mit sich selbst multipliziert.
Beispiel: $6^3 = 6 \cdot 6 \cdot 6 = 216$

Aufgaben:
Berechne die Potenzwerte.

1. $6^1 =$ ______________________
2. $7^1 =$ ______________________
3. $9^1 =$ ______________________
4. $1^2 =$ ______________________
5. $2^2 =$ ______________________
6. $3^2 =$ ______________________
7. $2^3 =$ ______________________
8. $3^3 =$ ______________________
9. $4^3 =$ ______________________
10. $5^3 =$ ______________________
11. $2^4 =$ ______________________
12. $3^4 =$ ______________________
13. $4^4 =$ ______________________
14. $5^4 =$ ______________________
15. $2^5 =$ ______________________
16. $3^5 =$ ______________________
17. $4^5 =$ ______________________
18. $2^6 =$ ______________________
19. $3^6 =$ ______________________
20. $4^6 =$ ______________________

Quadratzahlen

Quadratzahlen sind Zahlen, die sich als Resultat ergeben, wenn jeweils zwei gleiche natürliche Zahlen (1, 2, 3 …) miteinander malgenommen (= multipliziert) werden.

Beispiele:

$1^2 = 1 \cdot 1 = \mathbf{1}$

$2^2 = 2 \cdot 2 = \mathbf{4}$

$3^2 = 3 \cdot 3 = \mathbf{9}$

$4^2 = 4 \cdot 4 = \mathbf{16}$

$5^2 = 5 \cdot 5 = \mathbf{25}$

Die Zahlen 1, 4, 9, 16, 25 sind also Quadratzahlen.

Aufgaben:
Berechne weitere Quadratzahlen.

1. $6^2 =$ ____________________
2. $7^2 =$ ____________________
3. $8^2 =$ ____________________
4. $9^2 =$ ____________________
5. $10^2 =$ ____________________
6. $11^2 =$ ____________________
7. $12^2 =$ ____________________
8. $13^2 =$ ____________________
9. $14^2 =$ ____________________
10. $15^2 =$ ____________________
11. $16^2 =$ ____________________
12. $17^2 =$ ____________________
13. $18^2 =$ ____________________
14. $19^2 =$ ____________________
15. $20^2 =$ ____________________
16. $21^2 =$ ____________________
17. $22^2 =$ ____________________
18. $23^2 =$ ____________________
19. $24^2 =$ ____________________
20. $25^2 =$ ____________________

Kubikzahlen

Kubikzahlen kommen als Resultat zustande, wenn jeweils drei gleiche natürliche Zahlen (1, 2, 3 …) miteinander malgenommen (= multipliziert) werden.

Beispiele:

$1^3 = 1 \cdot 1 \cdot 1 = \mathbf{1}$

$2^3 = 2 \cdot 2 \cdot 2 = \mathbf{8}$

$3^3 = 3 \cdot 3 \cdot 3 = \mathbf{27}$

$4^3 = 4 \cdot 4 \cdot 4 = \mathbf{64}$

$5^3 = 5 \cdot 5 \cdot 5 = \mathbf{125}$

Die Zahlen 1, 8, 27, 64, 125 sind also Kubikzahlen.

Aufgaben:

Berechne weitere Kubikzahlen.

1. $6^3 =$ ______
2. $7^3 =$ ______
3. $8^3 =$ ______
4. $9^3 =$ ______
5. $10^3 =$ ______
6. $11^3 =$ ______
7. $12^3 =$ ______
8. $13^3 =$ ______
9. $14^3 =$ ______
10. $15^3 =$ ______
11. $16^3 =$ ______
12. $17^3 =$ ______
13. $18^3 =$ ______
14. $19^3 =$ ______
15. $20^3 =$ ______
16. $21^3 =$ ______
17. $22^3 =$ ______
18. $23^3 =$ ______
19. $24^3 =$ ______
20. $25^3 =$ ______

Quadratzahlen und Kubikzahlen

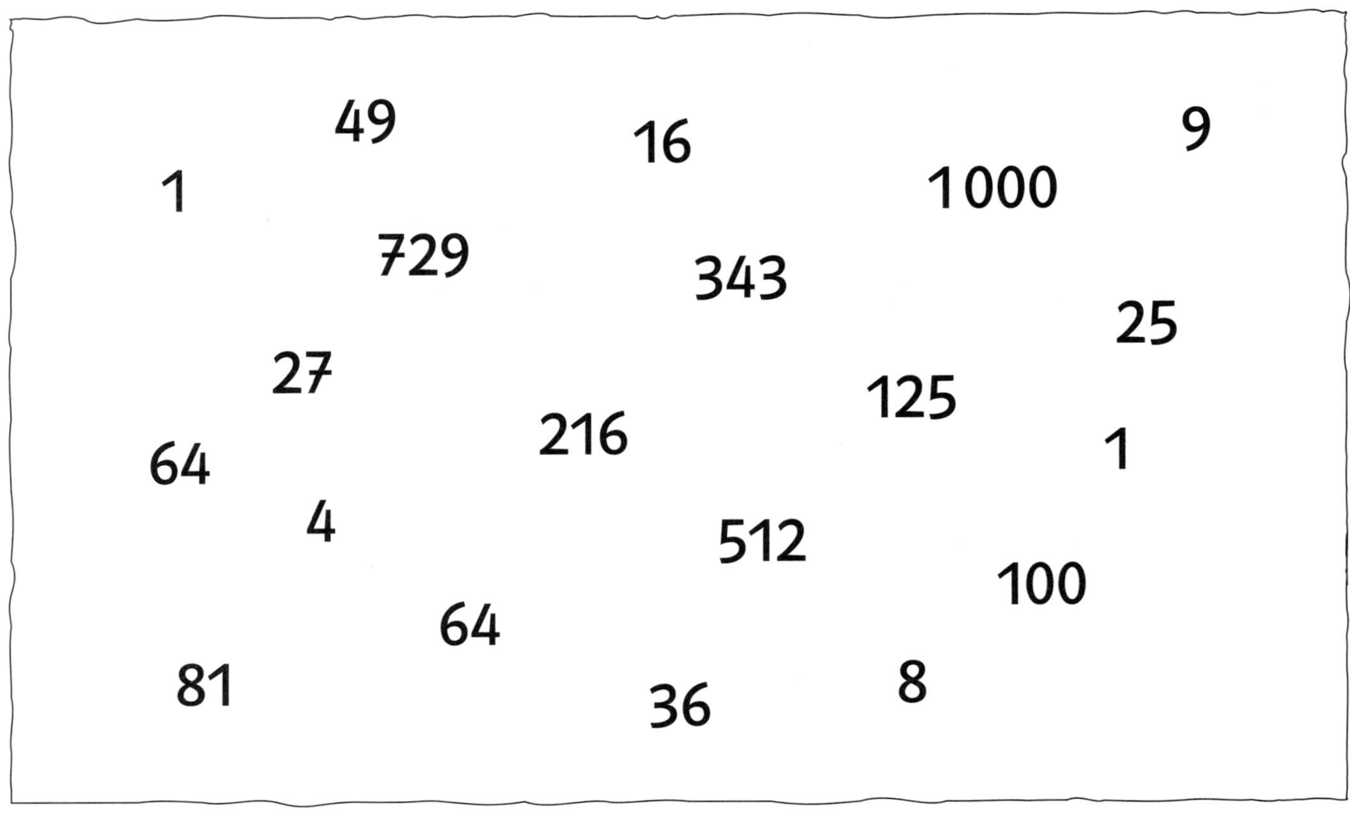

Aufgaben:

Quadratzahl und/oder Kubikzahl? Welche der oben genannten Zahlen gehören dazu? Ordne die genannten Zahlen jeweils zu – und zwar von der kleinsten zur größten Zahl. Trage dann entsprechend die Zahlen in der unteren Tabelle ein.

Quadratzahlen	Kubikzahlen

Potenzen mit Brüchen und gemischten Zahlen als Basis

Potenzen mit Brüchen als Basis werden potenziert, indem man den Zähler und den Nenner getrennt voneinander mit sich selbst multipliziert.

Drei Beispiele:

$\left(\frac{1}{2}\right)^2 = \frac{1}{2} \cdot \frac{1}{2} = \frac{1}{4}$

$\left(\frac{4}{5}\right)^2 = \frac{4}{5} \cdot \frac{4}{5} = \frac{16}{25}$

$\left(\frac{2}{3}\right)^3 = \frac{2}{3} \cdot \frac{2}{3} \cdot \frac{2}{3} = \frac{8}{27}$

Potenzen mit gemischten Zahlen: Die gemischten Zahlen müssen jeweils in Brüche (= unechte Brüche) umgewandelt werden. Danach gilt es, die Zähler und Nenner getrennt voneinander mit sich selbst zu multiplizieren. Das jeweilige Ergebnis kann wieder in eine gemischte Zahl umgewandelt werden.

Drei Beispiele:

$\left(1\frac{1}{3}\right)^2 = \left(\frac{4}{3}\right)^2 = \frac{4}{3} \cdot \frac{4}{3} = \frac{16}{9} = 1\frac{7}{9}$

$\left(2\frac{3}{4}\right)^2 = \left(\frac{11}{4}\right)^2 = \frac{11}{4} \cdot \frac{11}{4} = \frac{121}{16} = 7\frac{9}{16}$

$\left(2\frac{2}{5}\right)^3 = \left(\frac{12}{5}\right)^3 = \frac{12}{5} \cdot \frac{12}{5} \cdot \frac{12}{5} = \frac{1728}{125} = 13\frac{103}{125}$

Aufgaben:
Berechne die Potenzwerte.

1. $\left(\frac{1}{3}\right)^2 =$ __________
2. $\left(\frac{2}{3}\right)^2 =$ __________
3. $\left(\frac{3}{4}\right)^2 =$ __________
4. $\left(\frac{2}{5}\right)^2 =$ __________
5. $\left(\frac{5}{6}\right)^2 =$ __________
6. $\left(\frac{1}{3}\right)^3 =$ __________
7. $\left(\frac{1}{4}\right)^3 =$ __________
8. $\left(\frac{3}{4}\right)^3 =$ __________
9. $\left(\frac{2}{5}\right)^3 =$ __________
10. $\left(\frac{4}{5}\right)^3 =$ __________
11. $\left(1\frac{1}{2}\right)^2 =$ __________
12. $\left(1\frac{2}{3}\right)^2 =$ __________
13. $\left(2\frac{1}{4}\right)^2 =$ __________
14. $\left(1\frac{1}{4}\right)^3 =$ __________
15. $\left(2\frac{3}{4}\right)^3 =$ __________

Potenzen mit Dezimalzahlen als Basis

Beim Potenzieren mit Dezimalzahlen als Basis ist u. a. auf die richtige Kommasetzung beim Ergebnis (= Potenzwert) zu achten.

Drei Beispiele:

$0{,}3^2$ z. B. ist nicht 0,9, sondern 0,09. Begründung:

```
0,3 • 0,3
     0 0
       0 9
     0,0 9
```

$1{,}4^2 = 1{,}96$ Begründung:

```
1,4 • 1,4
     1 4
       5 6
     1,9 6
```

$1{,}02^3 = 1{,}061208$ Begründung:

```
1,0 2 • 1,0 2        1,0 4 0 4 • 1,0 2
    1 0 2                1 0 4 0 4
      0 0 0                0 0 0 0 0
        2 0 4                2 0 8 0 8
    1,0 4 0 4            1,0 6 1 2 0 8
```

Aufgaben:

1. $0{,}2^2 =$ ______
2. $0{,}5^2 =$ ______
3. $0{,}9^2 =$ ______
4. $1{,}3^2 =$ ______
5. $2{,}4^2 =$ ______
6. $0{,}3^3 =$ ______
7. $0{,}7^3 =$ ______
8. $1{,}8^3 =$ ______
9. $2{,}3^3 =$ ______
10. $1{,}04^3 =$ ______

Potenzen mit negativen Zahlen als Basis

Auch negative Zahlen lassen sich potenzieren. Ist bei negativen Zahlen als Basis der Exponent eine gerade Zahl, ist der Potenzwert positiv.

Zwei Beispiele:

$(-2)^2 = (-2) \cdot (-2) = 4$

$(-3)^4 = (-3) \cdot (-3) \cdot (-3) \cdot (-3) = 81$

> Hinweis:
> Minus • Minus ergibt Plus.

Im Gegensatz dazu ist der Potenzwert negativ, wenn der Exponent eine ungerade Zahl ist.

Zwei Beispiele:

$(-4)^1 = -4$

$(-5)^3 = (-5) \cdot (-5) \cdot (-5) = -125$

> Hinweis:
> Plus • Minus ergibt Minus.

Aufgaben:

Berechne die Potenzwerte.

1. $(-2)^1 =$ ______
2. $(-3)^2 =$ ______
3. $(-4)^3 =$ ______
4. $(-8)^2 =$ ______
5. $(-6)^3 =$ ______
6. $(-5)^4 =$ ______
7. $(-7)^3 =$ ______
8. $\left(-\frac{1}{2}\right)^2 =$ ______
9. $\left(-\frac{2}{3}\right)^4 =$ ______
10. $\left(-1\frac{1}{2}\right)^2 =$ ______
11. $\left(-2\frac{1}{3}\right)^3 =$ ______
12. $(-0{,}2)^2 =$ ______
13. $(-0{,}3)^3 =$ ______
14. $(-1{,}1)^3 =$ ______
15. $(-1{,}3)^4 =$ ______

Exponenten bestimmen

Sind die jeweilige Basis (= Grundzahl) und der Potenzwert (= Ergebnis des Potenzierens) bekannt, lässt sich der zugehörige Exponent (= Hochzahl) bestimmen. Dabei wird die Basis als Faktor* so oft multipliziert, bis als Ergebnis der vorgegebene Potenzwert erreicht wird. Die Anzahl der Faktoren entspricht der Zahl des Exponenten.

Drei Beispiele:

$4^{\_} = 64$	$4 \cdot 4 \cdot 4 = 64$	Also ist 3 der gesuchte Exponent.
$2^{\_} = 32$	$2 \cdot 2 \cdot 2 \cdot 2 \cdot 2 = 32$	Also ist 5 der gesuchte Exponent.
$10^{\_} = 100$	$10 \cdot 10 = 100$	Also ist 2 der gesuchte Exponent.

Aufgaben:
Bestimme jeweils den zugehörigen Exponenten.

1. $3^{\_} = 9$
2. $2^{\_} = 16$
3. $5^{\_} = 5$
4. $4^{\_} = 16$
5. $5^{\_} = 125$
6. $10^{\_} = 100$
7. $2^{\_} = 128$
8. $3^{\_} = 81$
9. $7^{\_} = 343$
10. $4^{\_} = 256$
11. $\left(\frac{1}{2}\right)^{\_} = \frac{1}{4}$
12. $\left(\frac{2}{3}\right)^{\_} = \frac{16}{81}$
13. $\left(\frac{3}{4}\right)^{\_} = \frac{27}{64}$
14. $(0{,}1)^{\_} = 0{,}01$
15. $(0{,}2)^{\_} = 0{,}008$
16. $(-5)^{\_} = 625$
17. $(-8)^{\_} = -512$
18. $(-0{,}5)^{\_} = 0{,}0625$
19. $(-0{,}9)^{\_} = 0{,}6561$
20. $(-1{,}5)^{\_} = -3{,}375$

* Faktor = das, was multipliziert wird
factor (lat.) = Macher; jemand, der etwas tut

Basen bestimmen

Kennst du den jeweiligen Exponenten sowie den Potenzwert, ist es möglich, die zugehörige Basis herauszufinden. Die Basis gilt es, anhand des jeweiligen Exponenten und Potenzwertes durch gezieltes Überlegen und Probieren des Zahleneinsatzes zu ermitteln.

Drei Beispiele:

$\_\_\_^3 = 64$	$4 \cdot 4 \cdot 4$ ergibt 64.	Also ist 4 die Basis.
$\_\_\_^4 = 81$	$3 \cdot 3 \cdot 3 \cdot 3$ ergibt 81.	Also ist 3 die Basis. Die Basis kann aber auch −3 sein, denn $(-3) \cdot (-3) \cdot (-3) \cdot (-3)$ ergibt ebenfalls 81. Wir wissen: Minus • Minus = Plus; Plus • Minus = Minus; Minus • Minus = Plus.
$\_\_\_^3 = -125$	$(-5) \cdot (-5) \cdot (-5)$ ergibt −125.	Also ist −5 die Basis. Minus • Minus = Plus; Plus • Minus = Minus

Aufgaben:
Bestimme die Basen.

1. $\_\_\_^2 = 4$	8. $\_\_\_^4 = 625$	15. $\_\_\_^3 = -1$
2. $\_\_\_^2 = 16$	9. $\_\_\_^3 = 729$	16. $\_\_\_^3 = -27$
3. $\_\_\_^2 = 49$	10. $\_\_\_^3 = 1000$	17. $\_\_\_^5 = -32$
4. $\_\_\_^2 = 100$	11. $\_\_\_^2 = \frac{1}{4}$	18. $\_\_\_^3 = -\frac{1}{8}$
5. $\_\_\_^2 = 144$	12. $\_\_\_^2 = \frac{9}{16}$	19. $\_\_\_^3 = -0{,}008$
6. $\_\_\_^3 = 216$	13. $\_\_\_^2 = 2{,}25$	20. $\_\_\_^3 = -0{,}125$
7. $\_\_\_^5 = 243$	14. $\_\_\_^2 = 6{,}25$	

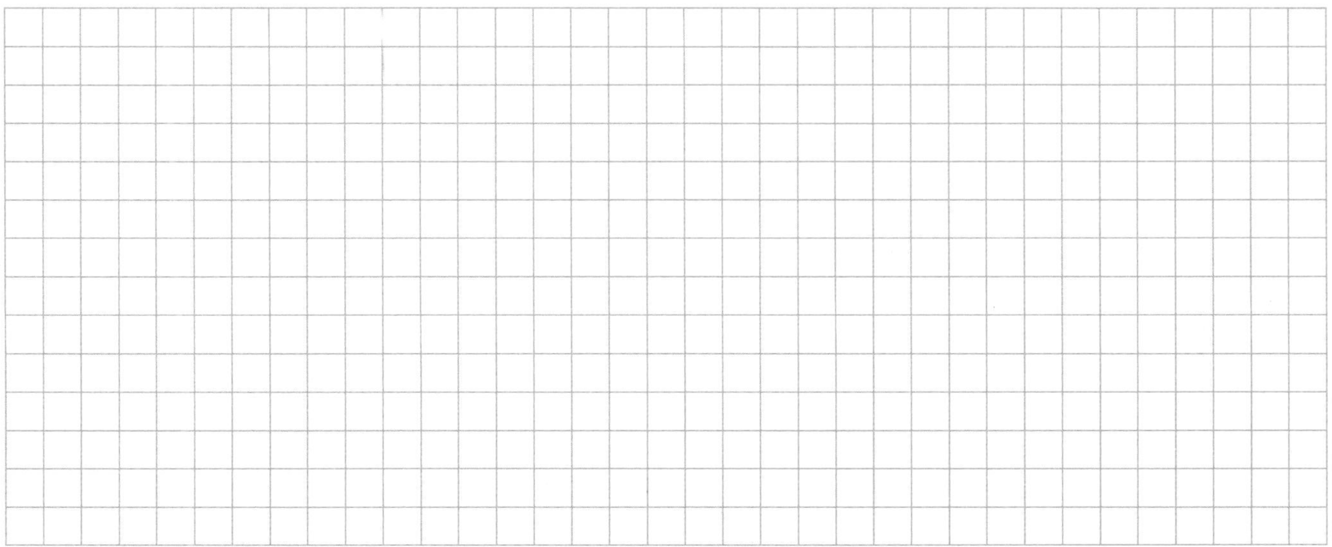

Zeichen einsetzen (>, <, =)

Erklärung der Zeichen:
> bedeutet „größer als"; < bedeutet „kleiner als"; = bedeutet „ist gleich"

Drei Beispiele mit Potenzen:

$3^2 > 2^3$ denn: $3^2 = 3 \cdot 3 = 9$; $2^3 = 2 \cdot 2 \cdot 2 = 8$
$2^2 < 5^1$ denn: $2^2 = 2 \cdot 2 = 4$; $5^1 = 5$
$4^2 = 2^4$ denn: $4^2 = 4 \cdot 4 = 16$; $2^4 = 2 \cdot 2 \cdot 2 \cdot 2 = 16$

Aufgaben:
>, < oder =?
Setze anschließend zwischen den jeweils zwei Potenzen das richtige Zeichen ein.

1. 2^1 ☐ 1^2 __________
2. 5^2 ☐ 3^3 __________
3. 4^3 ☐ 8^2 __________
4. 6^2 ☐ 2^5 __________
5. 3^4 ☐ 9^2 __________
6. 11^2 ☐ 5^3 __________
7. 6^3 ☐ 15^2 __________
8. 18^2 ☐ 7^3 __________
9. 3^5 ☐ 16^2 __________
10. 16^2 ☐ 2^8 __________
11. $\left(\frac{1}{2}\right)^2$ ☐ $\left(\frac{1}{3}\right)^3$ __________
12. $\left(\frac{1}{2}\right)^4$ ☐ $\left(\frac{1}{4}\right)^2$ __________
13. $\left(\frac{1}{4}\right)^3$ ☐ $\left(\frac{1}{8}\right)^2$ __________
14. $\left(\frac{1}{6}\right)^2$ ☐ $\left(\frac{1}{5}\right)^2$ __________
15. $\left(1\frac{1}{2}\right)^2$ ☐ $\left(1\frac{2}{4}\right)^2$ __________
16. $(-4)^2$ ☐ $(-5)^2$ __________
17. $(-3)^2$ ☐ $(-4)^3$ __________
18. $(-0{,}1)^2$ ☐ $(-0{,}1)^3$ __________
19. $(-0{,}2)^1$ ☐ $(-0{,}2)^2$ __________
20. $(-0{,}2)^3$ ☐ $(-0{,}4)^3$ __________

Potenzwerte in Potenzen umwandeln

Aus Potenzen lassen sich Potenzwerte berechnen, auch das Gegenteil ist möglich.
Beispiele: $27 = 3^3$; $36 = (\pm 6)^2$; $-64 = (-4)^3$

Aufgaben:
Schreibe nachfolgende Potenzwerte als Potenzen, ohne dabei den Exponenten 1 zu verwenden.

1. $9 =$ ____________
2. $32 =$ ____________
3. $81 =$ ____________
4. $125 =$ ____________
5. $128 =$ ____________
6. $144 =$ ____________
7. $\frac{1}{4} =$ ____________
8. $\frac{9}{16} =$ ____________
9. $\frac{8}{27} =$ ____________
10. $0{,}04 =$ ____________
11. $0{,}125 =$ ____________
12. $2{,}25 =$ ____________
13. $-64 =$ ____________
14. $-128 =$ ____________
15. $-343 =$ ____________
16. $-1\,000 =$ ____________
17. $-\frac{1}{8} =$ ____________
18. $-\frac{1}{64} =$ ____________
19. $-0{,}001 =$ ____________
20. $-0{,}027 =$ ____________

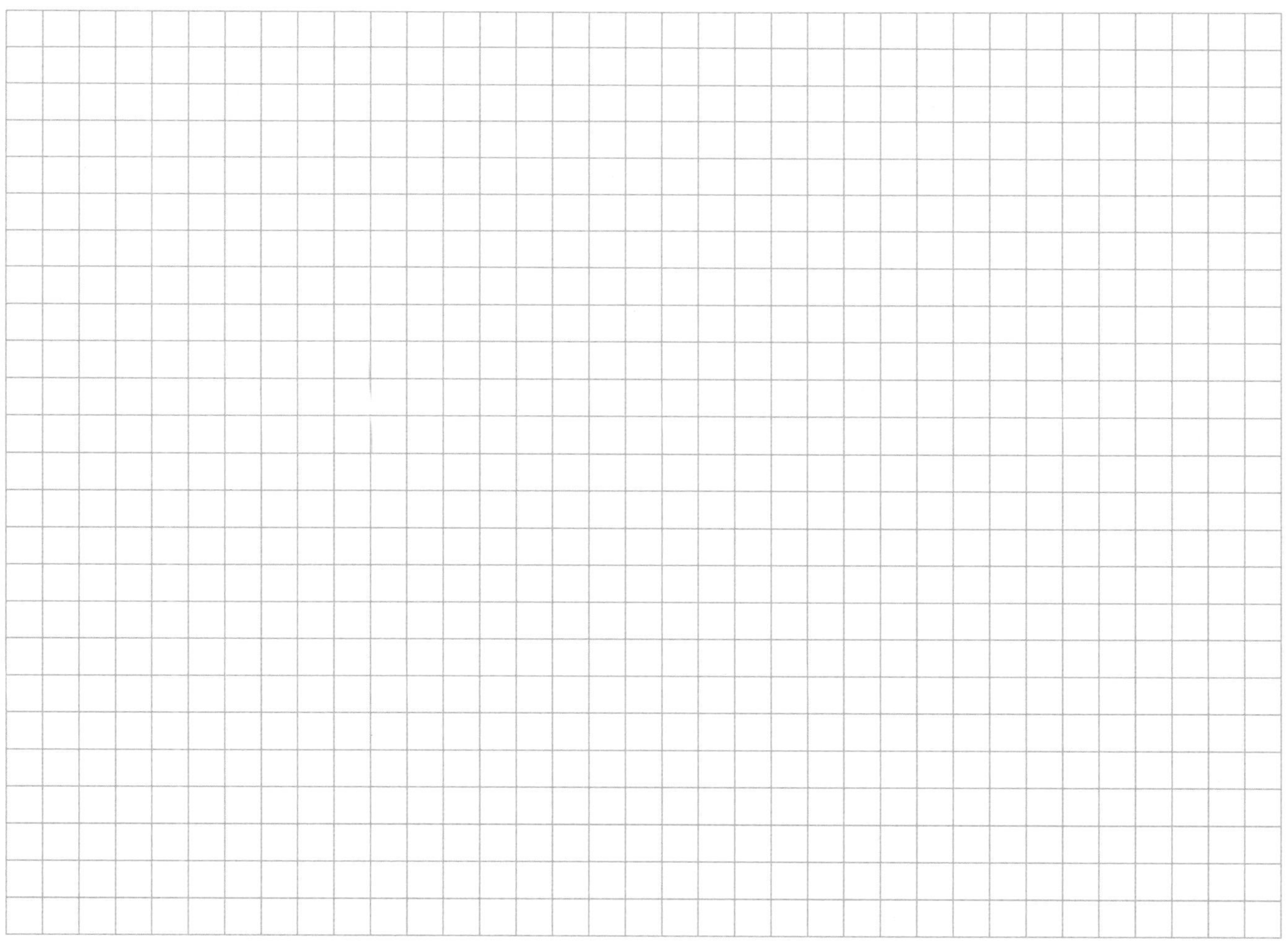

Potenzen mit ganzzahligen negativen Exponenten

Es gibt auch Potenzen mit negativen Zahlen als Exponenten. Aus einer Potenz mit einem negativen Exponenten wird ein Bruch. Der Zähler dieses Bruches wird 1. Der Nenner des Bruches wird dieselbe Potenz mit dem positiven Exponenten.

Mit anderen Worten gesagt: Die Potenz mit negativem Exponenten ist eine andere Schreibweise für den Kehrwert der Potenz mit positivem Exponenten.

Vier Beispiele:

$2^{-2} = \frac{1}{2^2} = \frac{1}{4}$

$3^{-3} = \frac{1}{3^3} = \frac{1}{27}$

$(-4)^{-3} = \frac{1}{(-4)^3} = \frac{1}{-64} = \frac{1}{64}$

$\left(\frac{1}{3}\right)^{-2} = \frac{1}{\left(\frac{1}{2}\right)^2} = \frac{1}{\frac{1}{4}} = 1 \cdot \frac{4}{1} = 4$

Dividiert wird, indem mit dem Kehrwert multipliziert wird.

Aufgaben:
Berechne die Potenzwerte.

1. $5^{-2} =$ ______
2. $2^{-3} =$ ______
3. $2^{-5} =$ ______
4. $3^{-4} =$ ______
5. $6^{-3} =$ ______
6. $(-2)^{-4} =$ ______
7. $(-3)^{-3} =$ ______
8. $\left(\frac{1}{3}\right)^{-2} =$ ______
9. $\left(\frac{1}{2}\right)^{-3} =$ ______
10. $\left(\frac{3}{4}\right)^{-3} =$ ______

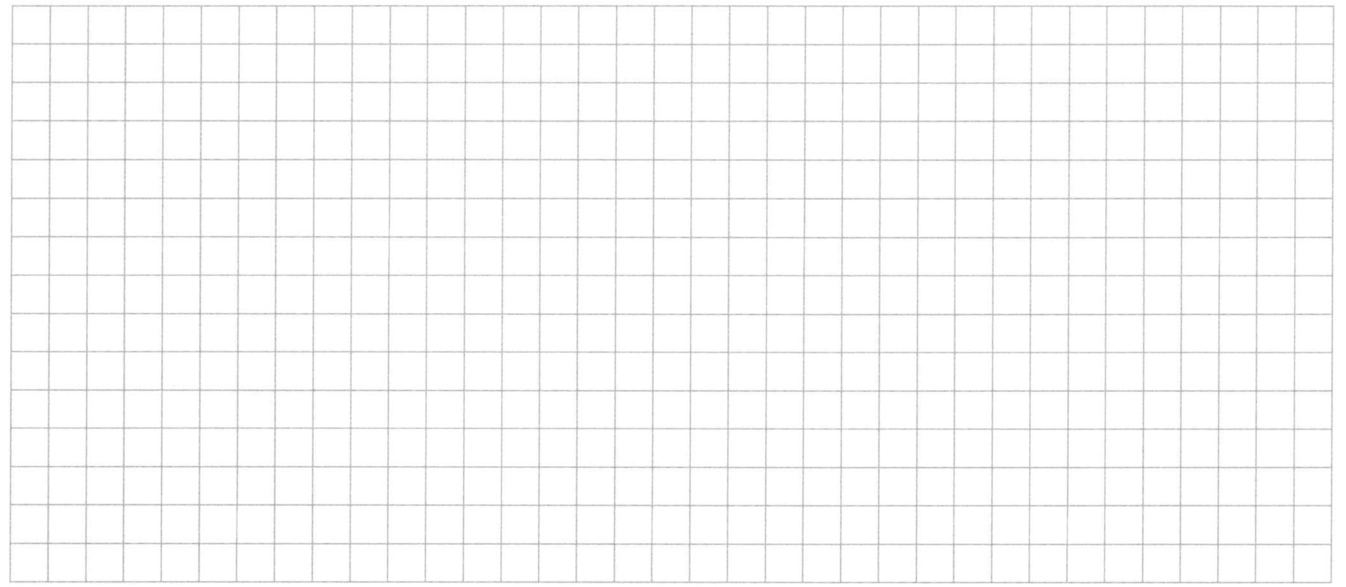

Addition und Subtraktion von Potenzen

Potenzen dürfen nur dann sogleich durch Addition (+) oder Subtraktion (–) zusammengefasst werden, wenn ihre Basen und Exponenten jeweils gleich sind.

Beispiele:

$4^2 + 4^2 = 2 \cdot 4^2 = 2 \cdot 16 = 32$

$2 \cdot 3^2 + 3 \cdot 3^2 = 5 \cdot 3^2 = 5 \cdot 9 = 45$

$3 \cdot 3^3 - 3^3 = 2 \cdot 3^3 = 2 \cdot 27 = 54$

Sind die Basen und Exponenten der Potenzen nicht jeweils gleich, müssen die Potenzwerte (der Potenzen) erst einzeln berechnet werden. Dann dürfen die Potenzwerte addiert bzw. subtrahiert werden.

Beispiele:

$4^3 + 3^2 = 64 + 9 = 73$

$9^2 + 3^3 + 2^2 = 81 + 27 + 4 = 112$

$12^2 - 5^3 - 2^3 = 144 - 125 - 8 = 11$

Aufgaben:
Addiere bzw. subtrahiere.

1. $2^4 + 4^2 =$ ____________________
2. $5^2 + 2^5 =$ ____________________
3. $3^4 + 4^3 =$ ____________________
4. $6^2 + 5^3 - 7^2 =$ ____________________
5. $6^3 - 4^4 + 2^6 =$ ____________________
6. $(-7)^3 + 3^5 + 10^2 =$ ____________________
7. $(-9)^2 - 2^7 + 3^3 =$ ____________________
8. $3^5 - 2{,}5^2 + 1{,}5^2 =$ ____________________
9. $0{,}3^1 + 0{,}2^2 - 0{,}1^3 =$ ____________________
10. $\left(\frac{1}{4}\right)^1 - \left(\frac{1}{4}\right)^2 + \left(\frac{1}{2}\right)^3 =$ ____________________

Multiplikation von jeweils zwei Potenzen mit gleicher Basis bzw. gleichem Exponenten

Wenn jeweils zwei Potenzen mit gleicher Basis bzw. gleichem Exponenten gegeben sind, lässt sich die Multiplikation der beiden Potenzen verkürzen.

Zwei Potenzen mit gleicher Basis:
Man multipliziert zwei Potenzen, die die gleiche Basis haben, miteinander, indem man die beiden Exponenten addiert (+) und die gemeinsame Basis beibehält.

Beispiele:
$2^1 \cdot 2^2 = 2^3 = 8$
$3^2 \cdot 3^3 = 3^5 = 243$

Zwei Potenzen mit gleichem Exponenten:
Man multipliziert zwei Potenzen, die den gleichen Exponenten haben, miteinander, indem man die beiden Basen malnimmt und den gemeinsamen Exponenten beibehält.

Beispiele:
$2^3 \cdot 3^3 = 6^3 = 216$
$4^2 \cdot 5^2 = 20^2 = 400$

Aufgaben:
Wende die beiden oben genannten Potenzregeln bei den folgenden Aufgaben an und berechne die Potenzwerte.

1. $3^1 \cdot 3^2 =$ ______
2. $2^3 \cdot 2^4 =$ ______
3. $4^2 \cdot 4^2 =$ ______
4. $5^3 \cdot 5^2 =$ ______
5. $6^2 \cdot 6^4 =$ ______
6. $2^2 \cdot 3^2 =$ ______
7. $3^3 \cdot 4^3 =$ ______
8. $6^2 \cdot 8^2 =$ ______
9. $\left(\frac{1}{3}\right)^2 \cdot \left(\frac{2}{3}\right)^2 =$ ______
10. $\left(\frac{1}{2}\right)^3 \cdot \left(\frac{1}{4}\right)^3 =$ ______

Division von jeweils zwei Potenzen mit gleicher Basis bzw. gleichem Exponenten

Sind jeweils zwei Potenzen mit gleicher Basis bzw. gleichem Exponenten gegeben, lässt sich auch die Division der beiden Potenzen verkürzen.

Zwei Potenzen mit gleicher Basis:
Zwei Potenzen mit gleicher Basis werden durcheinander dividiert, indem man vom ersten Exponenten den zweiten Exponenten subtrahiert und die gemeinsame Basis beibehält.

Beispiele:

$2^6 : 2^4 = 2^2 = 4$

$6^5 : 6^4 = 6^1 = 6$

$7^2 : 7^2 = 7^0 = 1$*

Zwei Potenzen mit gleichen Exponenten:
Zwei Potenzen mit gleichen Exponenten werden durcheinander dividiert, indem man die erste Basis durch die zweite Basis teilt und den gemeinsamen Exponenten beibehält.

Beispiele:

$6^2 : 2^2 = 3^2 = 9$

$12^3 : 3^3 = 4^3 = 64$

Aufgaben:
Wende die beiden oben genannten Potenzregeln bei folgenden Aufgaben an und berechne die Potenzwerte.

1. $3^3 : 3^2 =$ ____________________
2. $4^5 : 4^3 =$ ____________________
3. $5^6 : 5^3 =$ ____________________
4. $8^4 : 8^1 =$ ____________________
5. $9^7 : 9^7 =$ ____________________
6. $8^2 : 2^2 =$ ____________________
7. $10^5 : 5^5 =$ ____________________
8. $12^4 : 4^4 =$ ____________________
9. $18^3 : 3^3 =$ ____________________
10. $18^2 : 4^2 =$ ____________________

* Festgelegt ist: Alle Potenzen mit dem Exponenten 0 haben den Potenzwert 1. Also $1^0 = 1$; $2^0 = 1$; $3^0 = 1$ …

Potenz-, Klammer-, Punkt- und Strichrechnung

Die Potenzrechnung gehört zu den sogenannten höheren Rechenarten. Sie hat Vorrang vor den Grundrechenarten Addition (+), Subtraktion (−), Multiplikation (•) und Division (:). Demnach muss in gemischten Aufgaben die Potenzrechnung zuerst durchgeführt werden, erst später die Grundrechenarten.

Im Übrigen gilt der Merkspruch: Punkt vor Strich, die Klammer (aber) sagt: „Zuerst komme ich." Was in der Klammer steht, wird folglich zuerst ausgerechnet, erst danach das, was außerhalb steht. Die Punktrechnung (= Multiplikation, Division) ist vor der Strichrechnung (= Addition, Subtraktion) an der Reihe.

Zwei Beispiele:

$5 + 3^2 + 8 \cdot (9 - 6) = 5 + 9 + 8 \cdot 3 = 5 + 9 + 24 = 38$

$(4 + 3)^2 - 35 : 7 + 4 - 8 = 7^2 - 5 - 4 = 49 - 9 = 40$

Aufgaben:

Berechne.

1. $8 + 5^2 - 6 \cdot (4 - 2) =$

2. $(2 + 4)^2 - 18 : 6 + 3 \cdot 4 =$

3. $6 \cdot (9 - 5) + 3^3 - 2^3 =$

4. $48 : 8 + 4^3 - 25 + 2^4 =$

5. $5^3 - 3 \cdot (5 + 4) - 4 \cdot 7 =$

6. $(-6)^2 - 9 \cdot (3 + 5) - 56 : 7 + 8^2 =$

7. $63 : (12 - 5) + 5 \cdot (13 - 9)^2 - 1^5 + 5^1 =$

8. $(5 - 7)^6 + 3 \cdot (14 - 8) + 3^4 =$

9. $(-4)^3 + 84 : 7 + 5 \cdot 8 - (7 - 4)^3 =$

10. $5 \cdot (2 - 8)^2 - 6^3 + 9^2 - 18 : 6 =$

Zehnerpotenzen • 1

Zehnerpotenzen sind eine verkürzte Schreibweise für das mehrfache Multiplizieren der Zahl 10. Sie haben also als Basis (= Grundzahl) die Zahl 10. Auf Zehnerpotenzen stößt man vor allem in den Wissenschaften und in der Technik. Zum Beispiel werden sehr große Entfernungen im Weltraum als Zehnerpotenzen angegeben.

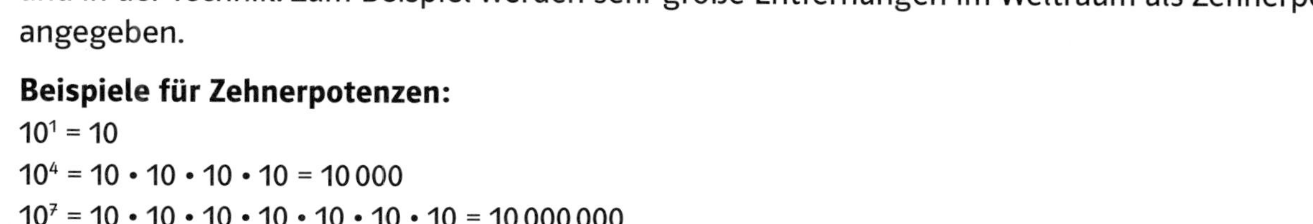

Beispiele für Zehnerpotenzen:

$10^1 = 10$

$10^4 = 10 \cdot 10 \cdot 10 \cdot 10 = 10\,000$

$10^7 = 10 \cdot 10 \cdot 10 \cdot 10 \cdot 10 \cdot 10 \cdot 10 = 10\,000\,000$

Aufgaben:
Berechne die Potenzwerte.

1. $10^2 =$ ____________________

2. $10^3 =$ ____________________

3. $10^6 =$ ____________________

4. $10^8 =$ ____________________

5. $10^{12} =$ ____________________

Die Zahl 420 000 z. B. kann als Zehnerpotenz so geschrieben werden:

$4{,}2 \cdot 10^5$ denn $4{,}2 \cdot 100\,000 = 420\,000$
oder
$42 \cdot 10^4$ denn $42 \cdot 10\,000 = 420\,000$

Aufgaben:
Schreibe folgende Zahlen mithilfe von Zehnerpotenzen.

6. 5 000 = ____________________

7. 24 000 = ____________________

8. 7 680 000 = ____________________

9. 83 150 000 = ____________________

10. 3 486 200 000 = ____________________

Zehnerpotenzen • 2

Auch sehr kleine Zahlen werden des Öfteren als Zehnerpotenzen mit negativen Exponenten (= Hochzahlen) wiedergegeben. Diese können z. B. Angaben über die Größe von winzigen Lebewesen oder atomaren Teilchen sein.

Es gelten:

$10^{-1} = \frac{1}{10^1} = \frac{1}{10} = 0{,}1$

$10^{-2} = \frac{1}{10^2} = \frac{1}{100} = 0{,}01$

$10^{-3} = \frac{1}{10^3} = \frac{1}{1000} = 0{,}001$

$10^{-4} = \frac{1}{10^4} = \frac{1}{10\,000} = 0{,}0001$

Zwei Beispiele:
Die Zahl 0,0073 kann als Zehnerpotent u. a. so ausgedrückt werden: $7{,}3 \cdot 10^{-3}$ oder $73 \cdot 10^{-4}$.
Die Zahl 0,00055 kann als Zehnerpotenz u. a. so ausgedrückt werden: $5{,}5 \cdot 10^{-4}$ oder $55 \cdot 10^{-5}$.

Aufgaben:
Schreibe die anschließend genannten Zahlen als Zehnerpotenzen.

1. 0,4 = ____________
2. 0,15 = ____________
3. 0,08 = ____________
4. 0,009 = ____________
5. 0,0032 = ____________
6. 0,00065 = ____________
7. 0,000321 = ____________
8. 0,000049 = ____________
9. 0,00000521 = ____________
10. 0,000000084 = ____________

Textaufgaben • 1

1. In einem Teich befindet sich eine blühende Seerose. An jedem folgenden Tag verdoppelt sich die Anzahl der blühenden Seerosen. Wie viele Seerosen blühen am 4. Tag?

Rechnung:

Antwortsatz: ____________________

2. Du faltest ein großes, rechtwinkliges Blatt Papier viermal nacheinander jeweils in der Mitte. Wie viele Lagen Papier liegen schließlich übereinander?

Rechnung:

Antwortsatz: ____________________

3. Wie viele leibliche Vorfahren hat jede Person bis drei Generationen zurückgerechnet?

Rechnung:

Antwortsatz: ____________________

____

4. Ein Glücksspieler setzt im ersten Spiel zwei Euro ein. Danach verdreifacht er seinen Einsatz von Spiel zu Spiel. Wie viel Geld setzt der Glücksspieler im 5. Spiel ein?

Rechnung:

Antwortsatz: ____________________

5. Unter günstigen Bedingungen vermehren sich Bakterien sehr schnell. Angenommen: Acht Bakterien sind vorhanden. Sie vermehren sich durch Zweiteilung alle 30 Minuten. Wie viele Bakterien gibt es nach $1\frac{1}{2}$ Stunden?

Rechnung:

Antwortsatz: ____________________

Textaufgaben • 2

6. Die Seitenlängen einer quadratischen Rasenfläche betragen jeweils 4,5 m. Welche Flächengröße hat der Rasen?

Rechnung:

Antwortsatz: ______

7. Ein Straßenverkehrskreis (Kreisel) hat einen Radius von 15 m. Welche Fläche nimmt der Kreisel ein?

Rechnung:

Antwortsatz: ______

8. Die Kanten eines würfelförmigen Behälters sind 2,5 m lang. Wie groß ist der Rauminhalt des Behälters?

Rechnung:

Antwortsatz: ______

9. Wie viele m^3 fasst ein Zylinder mit einem Radius von 1,5 m und einer Höhe von 2 m?

Rechnung:

Antwortsatz: ______

10. Welches Volumen besitzt eine Kugel mit einem Radius von 2 m?

Rechnung:

Antwortsatz: ______

Wichtige Formeln für Flächen- und Volumenberechnungen, in denen Potenzen vorkommen

Hinweise: A = Fläche; V = Volumen, Rauminhalt; O = Oberfläche

Quadrat

$A = a^2$

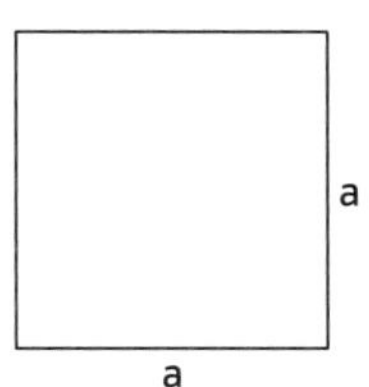

Kreisfläche

$A = \pi \cdot r^2$

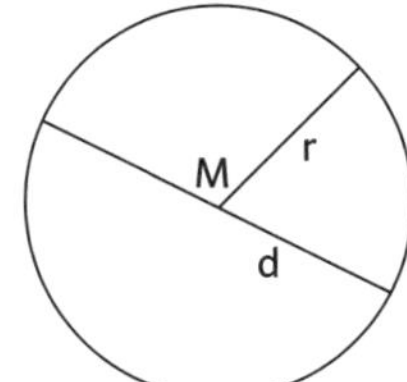

Kreisring

$A = \pi \cdot (r_2^2 \cdot r_1^2)$

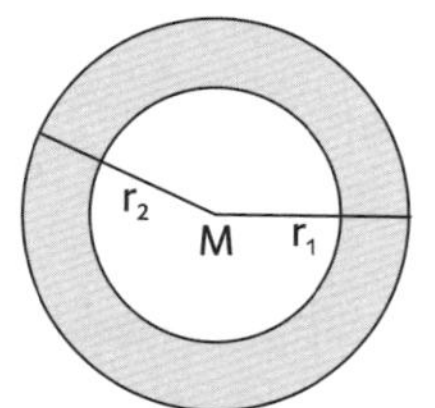

Kreissektor

$A = \frac{\pi \cdot r^2 \cdot \alpha}{360°}$

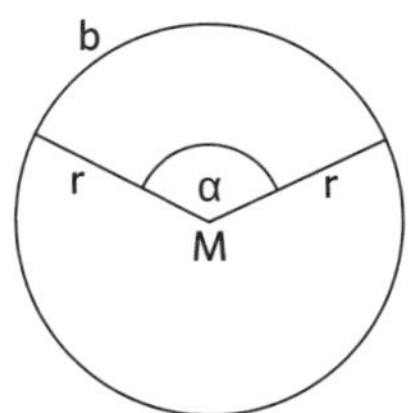

Würfel

$V = a^3$

$O = 6 \cdot a^2$

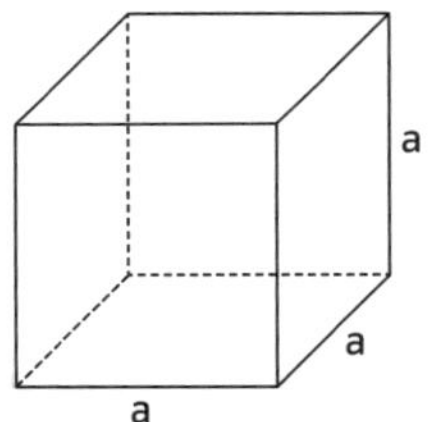

Pyramide

$V = \frac{1}{3} \cdot G \cdot h$

quadratische Pyramide

$V = \frac{1}{3} \cdot a^2 \cdot h$

$O = a^2 + 2 \cdot a \cdot h_s$

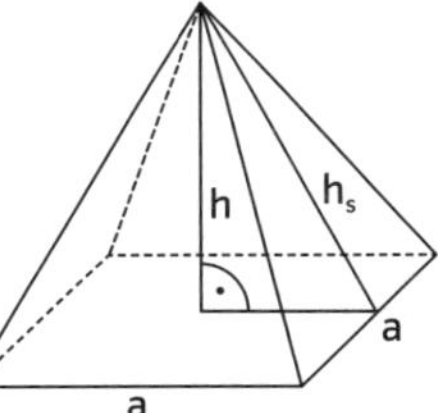

Zylinder

$V = \pi \cdot r^2 \cdot h$

$O = 2 \cdot \pi \cdot r \cdot (r + h)$

$O = 2 \cdot \pi \cdot r^2 + 2 \cdot \pi \cdot r \cdot h$

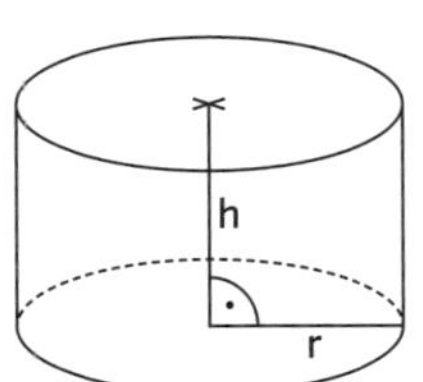

Kegel

$V = \frac{1}{3} \cdot \pi \cdot r^2 \cdot h$

$O = \pi \cdot r \cdot (r + s)$

$O = \pi \cdot r^2 + \pi \cdot r \cdot s$

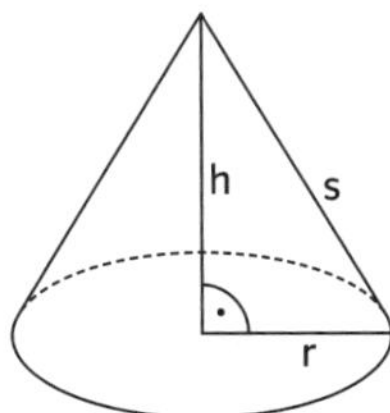

Kugel

$V = \frac{4}{3} \cdot \pi \cdot r^3$

$O = 4 \cdot \pi \cdot r^2$

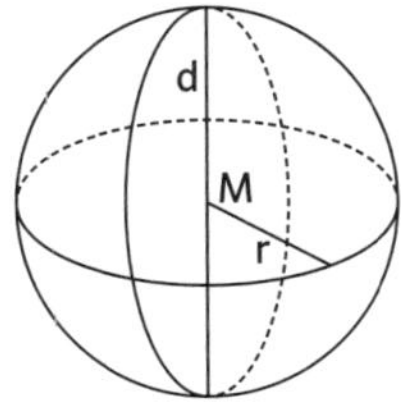

11. Der Body-Mass-Index (BMI) ist eine Maßzahl zur Bewertung des menschlichen Körpergewichts. Diese Maßzahl wird so berechnet: Körpergewicht (in kg) dividiert durch die Körpergröße (in m)². Als Normalgewicht wird bei Männern ein BMI von 20–25 kg/m² angesehen, als Übergewicht ein BMI von mehr als 25 kg/m². Welchen Body-Mass-Index hat ein 1,87 m großer Mann, der 85 kg wiegt?

Rechnung:

Antwortsatz: ____________________

12. Computer arbeiten gewöhnlich mit dem Binärsystem (= Zweiersystem). 1 Bit kann zwei verschiedene Dinge darstellen. Wie viele verschiedene Dinge können 8 Bits (= 1 Byte) darstellen?

Rechnung:

Antwortsatz: ____________________

13. Ein Großvater besucht für fünf Tage seinen Enkel. Am ersten Tag schenkt der Großvater seinem Enkel zwei Euro. An den folgenden Tagen erhöht der Großvater seine Schenkungen jeweils um das Doppelte des vorherigen Tages. Wie viel Geld bekam der Enkel an den fünf Tagen insgesamt vom Großvater geschenkt?

Rechnung:

Antwortsatz: ____________________

14. Aus einer Tabelle ist zu entnehmen: Die Entfernung zwischen der Erde und der Sonne beträgt ca. $149{,}6 \cdot 10^6$ km. Wie viele km sind dies nicht als Potenz ausgedrückt, sondern als reine Zahl?

Rechnung:

Antwortsatz: ____________________

15. Angenommen: Das Kopfhaar des Menschen wächst jeden Tag um $3 \cdot 10^{-3}$ m. Wie viele cm wächst das Kopfhaar des Menschen unter dieser Bedingung in 30 Tagen?

Rechnung:

Antwortsatz: ____________________

16. Eine junge Frau zahlt für ihre Wohnung monatlich 500 Euro Miete. Die Frau geht davon aus, dass die Miete von Jahr zu Jahr jeweils um 5 % erhöht wird. Wie viel Euro beträgt demnach die monatliche Miete nach zwei Jahren?

Rechnung:

Antwortsatz: ______________________________

17. Ein Mann hat sich ein neues Auto zu einem Preis von 16 000 Euro gekauft. Welchen Wert hat das Auto nach drei Jahren, wenn der Wertverlust jährlich 20 % beträgt?

Rechnung:

Antwortsatz: ______________________________

18. Im Dorf A wohnen zurzeit 1 200 Menschen. Der Bürgermeister rechnet zukünftig mit einer Abnahme der Einwohnerzahl von jährlich 2 %. Wie viele Menschen wohnen gemäß der Rechnung des Bürgermeisters nach vier Jahren noch im Dorf A?

Rechnung:

Antwortsatz: ______________________________

19. Die Stadt B hat derzeit 63 000 Einwohner. Die Stadtplaner gehen für die nächsten fünf Jahre von einem Bevölkerungswachstum der Stadt B in der Höhe von 3 % aus. Wie viele Einwohner hat die Stadt B nach dieser Kalkulation in fünf Jahren?

Rechnung:

Antwortsatz: ______________________________

20. Ein Kapital von 20 000 Euro ist bei einer Bank für sechs Jahre angelegt. Auf welchen Betrag ist das Kapital bei einem Zinssatz von jährlich 1,5 % nach sechs Jahren angewachsen?

Rechnung:

Antwortsatz: ______________________________

Exponentielles Wachstum und exponentielle Abnahme

Exponentielles Wachstum (= Zunahme):

Exponentielles Wachstum = Ausgangszahl • Wachstumsfaktor

$$\left(= 1 + \frac{\text{Prozentsatz}}{100}\right)^{\text{Exponent (z. B. Anzahl der Jahre)}}$$

Beispiel:

$4000 \cdot \left(1 + \frac{3\,\%}{100\,\%}\right)^2 = 4000 \cdot 1{,}03^2 = 4000 \cdot 1{,}0609 = 4243{,}6$

Exponentielle Abnahme:

Exponentielle Abnahme = Ausgangszahl • Abnahmefaktor

$$\left(= 1 - \frac{\text{Prozentsatz}}{100}\right)^{\text{Exponent (z. B. Anzahl der Jahre)}}$$

Beispiel:

$5000 \cdot \left(1 - \frac{4\,\%}{100\,\%}\right)^3 = 5000 \cdot 0{,}96^3 = 5000 \cdot 0{,}884736 = 4423{,}68$

Wurzeln – Was sind das? • 1

In der Mathematik sind Wurzeln die Umkehrung (= das Gegenteil) von Potenzen. Wurzeln werden gezogen, mit einem anderen Wort gesagt: radiziert. Radizieren ist das Fachwort, das ursprünglich aus der lateinischen Sprache kommt: radix (lat.) = Wurzel, Boden, fester Grund.

Beispiele für das Ziehen von Wurzeln:

$\sqrt{36} = \pm 6$ Man spricht: „(Die zweite) Wurzel aus 36 ist ± 6." Auch lässt sich sagen: „(Die) Quadratwurzel aus 36 ist ± 6." → 6 • 6 = 36, auch (–6) • (–6) = 36. Gewöhnlich wird geschrieben $\sqrt{\ldots}$ statt $\sqrt[2]{\ }$. Als Potenz würde es heißen: $6^2 = 36$.

$\sqrt[3]{64} = 4$ Man spricht: „(Die) dritte Wurzel aus 64 ist 4." Auch lässt sich sagen: „(Die) Kubikwurzel aus 64 ist 4." → denn 4 • 4 • 4 = 64. Als Potenz würde es heißen: $4^3 = 64$.

$\sqrt[3]{x^3} = x$ Man spricht: „(Die) dritte Wurzel aus x^3 ist x." Auch lässt sich sagen: „(Die) Kubikwurzel aus x^3 ist x." → denn $x \cdot x \cdot x = x^3$. Als Potenz würde es heißen: x^3.
Hinweis: x ist eine Variable (= Platzhalter).

Als Radikand (= Wurzelgrundzahl) wird bezeichnet, was unter dem Wurzelzeichen steht, also woraus die Wurzel gezogen wird.

Die kleine Zahl links oberhalb des Wurzelzeichens nennt man Wurzelexponent (= Wurzelhochzahl). exponere (lat.) = herausstellen, heraussetzen

Steht links oberhalb des Wurzelzeichens keine Zahl, muss man sich hier eine Zwei denken (= zweite Wurzel, Quadratwurzel).

Das Ergebnis des jeweiligen Wurzelziehens ist der Wurzelwert. **Festgelegt wurde: Es dürfen nur Wurzeln aus Zahlen gezogen werden, die nicht negativ sind.**

Aufgaben:

1. Welcher Zusammenhang besteht in Mathematik zwischen Wurzeln und Potenzen?

____

____

2. Was ist mit dem Verb radizieren gemeint?

____

____

3. Wie nennt man die zweite Wurzel sonst noch?

____

4. Wie heißt die dritte Wurzel sonst noch?

____

Wurzeln – Was sind das? • 2

5. Ein Radikand – Was ist das?

____

____

____

6. Was bezeichnet man als Wurzelexponent?

____

____

7. Was gilt es zu tun, wenn links oberhalb des Wurzelzeichens keine Zahl steht?

____

____

8. Erkläre, was ein Wurzelwert ist.

____

____

9. Rechne aus und schreibe danach als Potenz.

$\sqrt{49}$ = ____

10. Rechne aus und schreibe danach als Potenz.

$\sqrt[3]{125}$ = ____

Hinweis: In den mathematischen Schulmaterialien geht es in der Regel zunächst nur um Wurzelwerte, die nicht negativ sind.

Quadratwurzeln (= zweite Wurzeln) • 1

Wenn es aus einer Zahl eine Quadratwurzel zu ziehen gilt, so heißt dies: Du musst eine Zahl herausfinden, die einmal mit sich selbst malgenommen die Zahl unter dem Wurzelzeichen (= Radikand, Wurzelgrundzahl) als Ergebnis hat.

Quadratwurzeln (= auch zweite Wurzeln genannt) haben immer einen positiven, aber auch einen negativen Wurzelwert. Sie besitzen einen positiven und negativen Wurzelwert, weil:

- Plus … • Plus … Plus … ergibt,
- ebenso Minus … • Minus … Plus … ergibt.

Beispiele für Quadratwurzeln:

$\sqrt{64} = \pm 8$
denn $(+)\ 8 \cdot (+)\ 8 = (+)\ 64$
denn $(-)\ 8 \cdot (-)\ 8 = (+)\ 64$

$\sqrt{144} = \pm 12$
denn $(+)\ 12 \cdot (+)\ 12 = (+)\ 144$
denn $(-)\ 12 \cdot (-)\ 12 = (+)\ 144$

$\sqrt{2{,}25} = \pm 1{,}5$
denn $(+)\ 1{,}5 \cdot (+)\ 1{,}5 = (+)\ 1{,}5$
denn $(-)\ 1{,}5 \cdot (-)\ 1{,}5 = (+)\ 64$

Aus einem Bruch wird eine Quadratwurzel gezogen, indem man getrennt voneinander jeweils aus dem Zähler und dem Nenner die Wurzel zieht.

Beispiele:

$\sqrt{\frac{4}{9}} = \pm \frac{2}{3}$
denn $(+)\ \frac{2}{3} \cdot (+)\ \frac{2}{3} = (+)\ \frac{4}{9}$
denn $(-)\ \frac{2}{3} \cdot (-)\ \frac{2}{3} = (+)\ \frac{4}{9}$

$\sqrt{\frac{1}{16}} = \pm \frac{1}{4}$
denn $(+)\ \frac{1}{4} \cdot (+)\ \frac{1}{4} = (+)\ \frac{1}{16}$
denn $(-)\ \frac{1}{4} \cdot (-)\ \frac{1}{4} = (+)\ \frac{1}{16}$

Aufgabe:
Schreibe in eigenen Sätzen auf, was du vom Inhalt dieser Seite verstanden hast.

___

___

___

___

___

___

___

___

___

___

___

Quadratwurzeln (= zweite Wurzeln) • 2

Aufgaben:
Rechne die Wurzelwerte aus.

1. $\sqrt{9} =$ ______________
2. $\sqrt{16} =$ ______________
3. $\sqrt{49} =$ ______________
4. $\sqrt{100} =$ ______________
5. $\sqrt{169} =$ ______________
6. $\sqrt{196} =$ ______________
7. $\sqrt{256} =$ ______________
8. $\sqrt{289} =$ ______________
9. $\sqrt{400} =$ ______________
10. $\sqrt{576} =$ ______________
11. $\sqrt{0{,}01} =$ ______________
12. $\sqrt{0{,}16} =$ ______________
13. $\sqrt{1{,}21} =$ ______________
14. $\sqrt{3{,}24} =$ ______________
15. $\sqrt{12{,}25} =$ ______________
16. $\sqrt{\frac{1}{4}} =$ ______________
17. $\sqrt{\frac{1}{25}} =$ ______________
18. $\sqrt{\frac{9}{16}} =$ ______________
19. $\sqrt{\frac{25}{36}} =$ ______________
20. $\sqrt{-\frac{49}{64}} =$ ______________

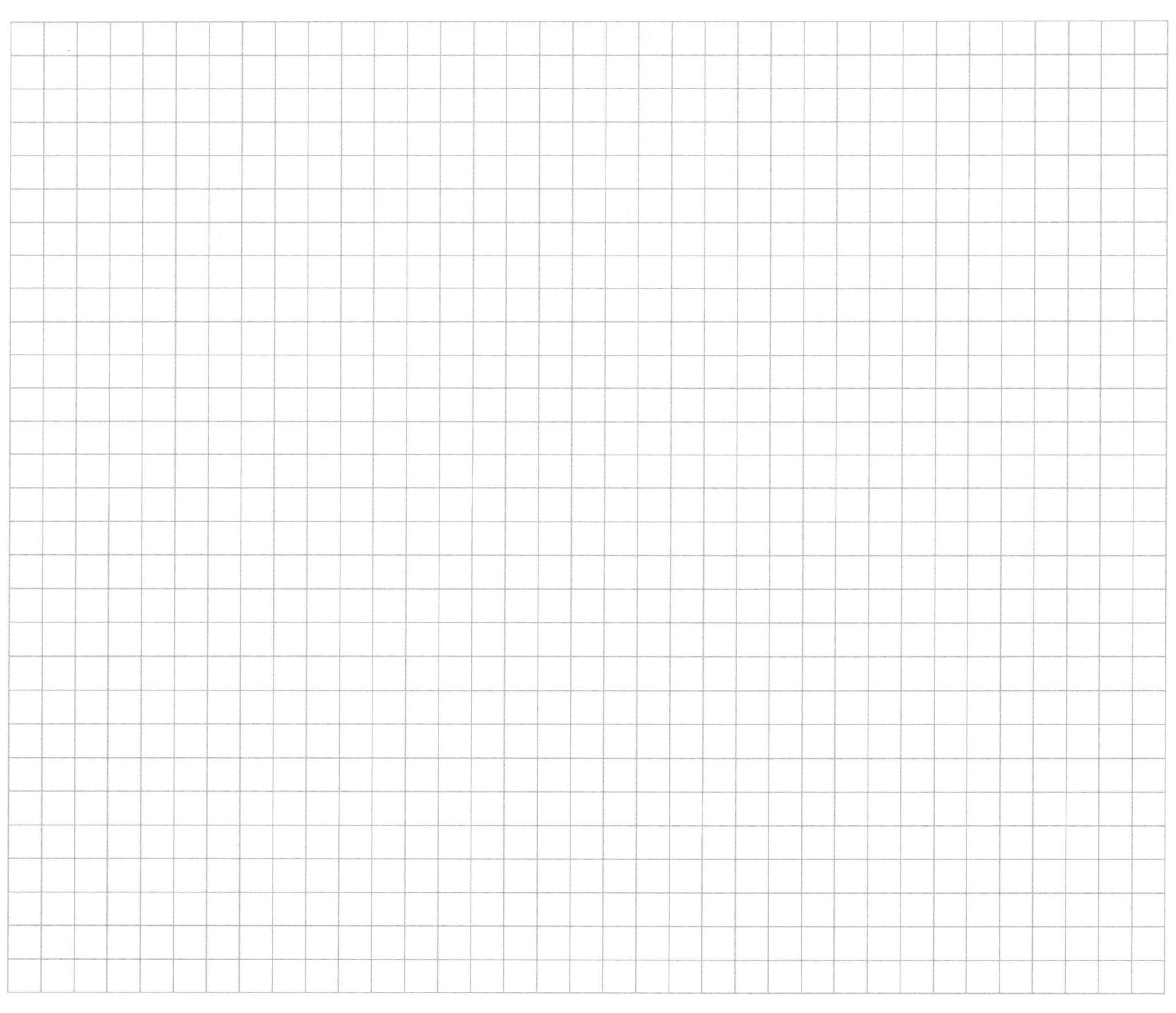

Quadratwurzeln (Näherungswerte)

Die bei Weitem meisten Wurzelwerte sind keine natürlichen Zahlen, wie z. B. $\sqrt{3}$, $\sqrt{7}$ oder $\sqrt{13}$. Vielmehr lassen sich die Wurzelwerte nur ungefähr ermitteln. Es sind sogenannte Näherungswerte.

Beispiele:

$\sqrt{2} \approx \pm 1{,}41$	Der positive Wurzelwert liegt also zwischen den natürlichen Zahlen 1 und 2.
$\sqrt{70} \approx \pm 8{,}36$	Der positive Wurzelwert liegt also zwischen den natürlichen Zahlen 8 und 9.
$\sqrt{115} \approx \pm 10{,}72$	Der positive Wurzelwert liegt also zwischen den natürlichen Zahlen 10 und 11.

Aufgaben:
Rechne aus, zwischen welchen zwei natürlichen Zahlen der positive Wurzelwert liegt.

Der positive Wurzelwert liegt zwischen den zwei natürlichen Zahlen:

1. $\sqrt{5}$ ______________________
2. $\sqrt{20}$ ______________________
3. $\sqrt{45}$ ______________________
4. $\sqrt{90}$ ______________________
5. $\sqrt{115}$ ______________________
6. $\sqrt{150}$ ______________________
7. $\sqrt{190}$ ______________________
8. $\sqrt{240}$ ______________________
9. $\sqrt{320}$ ______________________
10. $\sqrt{415}$ ______________________
11. $\sqrt{450}$ ______________________
12. $\sqrt{530}$ ______________________
13. $\sqrt{605}$ ______________________
14. $\sqrt{750}$ ______________________
15. $\sqrt{880}$ ______________________

Kubikwurzeln (= dritte Wurzeln)

Eine Kubikwurzel aus einer Zahl zu ziehen, bedeutet: Es gilt, eine Zahl zu ermitteln, die zweimal mit sich selbst malgenommen als Ergebnis die Zahl hat, aus der die Kubikwurzel zu ziehen ist. Das mathematische Zeichen (= Symbol) für das Ziehen einer Kubikwurzel ist: $\sqrt[3]{\ldots}$

Beispiele:

$\sqrt[3]{8} = 2$ denn $2 \cdot 2 \cdot 2 = 8$

$\sqrt[3]{125} = 5$ denn $5 \cdot 5 \cdot 5 = 125$

$\sqrt[3]{1\,000} = 10$ denn $10 \cdot 10 \cdot 10 = 1\,000$

Hinweis: Bei Kubikwurzeln kann der Wurzelwert nicht negativ sein. Begründung: Minus … • Minus … ergibt Plus …; Plus … • Minus … ergibt Minus …, nicht Plus …

Kubikwurzeln lassen sich auch aus Dezimalzahlen und Brüchen ziehen.

Beispiele:

$\sqrt[3]{0{,}001} = 0{,}1$ denn $0{,}1 \cdot 0{,}1 \cdot 0{,}1 = 0{,}001$

$\sqrt[3]{3{,}375} = 1{,}5$ denn $1{,}5 \cdot 1{,}5 \cdot 1{,}5 = 3{,}375$

$\sqrt[3]{\frac{8}{27}} = \frac{2}{3}$ denn $\frac{2}{3} \cdot \frac{2}{3} \cdot \frac{2}{3} = \frac{8}{27}$

$\sqrt[3]{\frac{64}{125}} = \frac{4}{5}$ denn $\frac{4}{5} \cdot \frac{4}{5} \cdot \frac{4}{5} = \frac{64}{125}$

Aufgaben:
Berechne die Wurzelwerte.

1. $\sqrt[3]{1} =$ ________	6. $\sqrt[3]{1728} =$ ________	11. $\sqrt[3]{1{,}331} =$ ________	16. $\sqrt[3]{\frac{8}{27}} =$ ________
2. $\sqrt[3]{64} =$ ________	7. $\sqrt[3]{0{,}008} =$ ________	12. $\sqrt[3]{5{,}832} =$ ________	17. $\sqrt[3]{\frac{27}{64}} =$ ________
3. $\sqrt[3]{216} =$ ________	8. $\sqrt[3]{0{,}027} =$ ________	13. $\sqrt[3]{15{,}625} =$ ________	18. $\sqrt[3]{\frac{125}{216}} =$ ________
4. $\sqrt[3]{343} =$ ________	9. $\sqrt[3]{0{,}125} =$ ________	14. $\sqrt[3]{42{,}875} =$ ________	19. $\sqrt[3]{\frac{343}{512}} =$ ________
5. $\sqrt[3]{729} =$ ________	10. $\sqrt[3]{0{,}512} =$ ________	15. $\sqrt[3]{\frac{1}{64}} =$ ________	20. $\sqrt[3]{\frac{729}{1000}} =$ ________

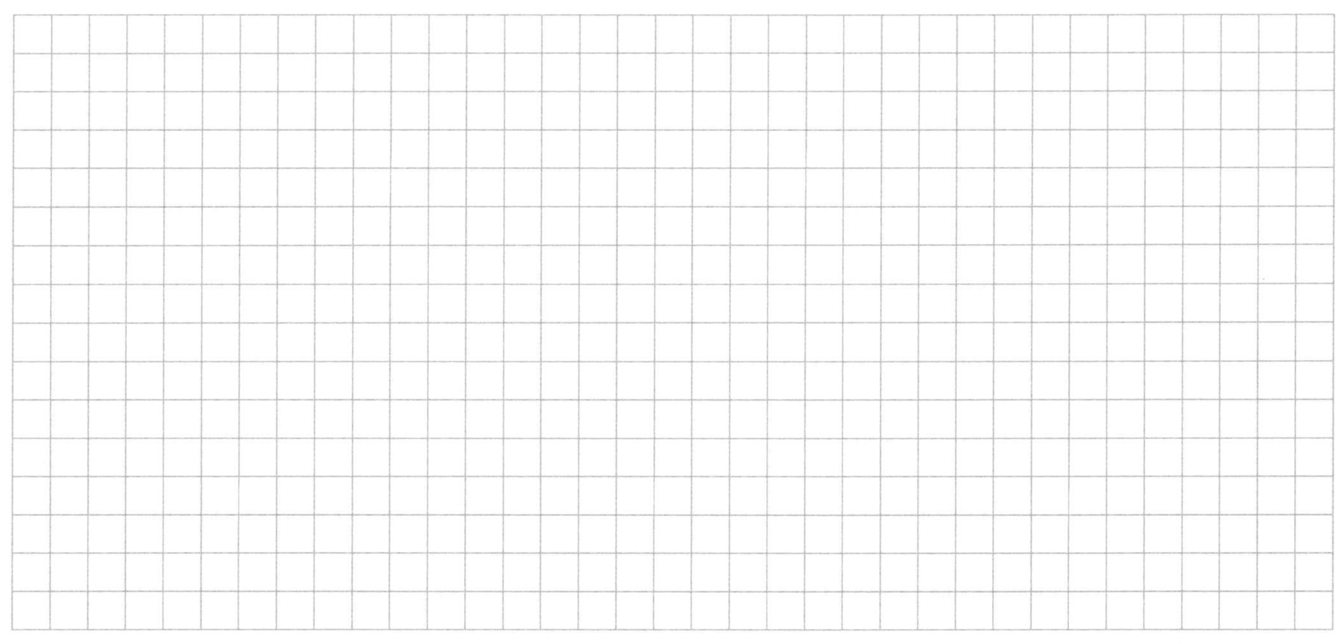

Kubikwurzeln (Näherungswerte)

Die meisten Wurzelwerte aus Kubikwurzeln sind ebenfalls keine genauen Zahlen, sondern Näherungswerte (= ungefähre Werte).

Beispiele:

$\sqrt[3]{10} \approx 2{,}15$ Der Wurzelwert liegt also zwischen den natürlichen Zahlen 2 und 3.

$\sqrt[3]{90} \approx 4{,}48$ Der Wurzelwert liegt also zwischen den natürlichen Zahlen 4 und 5.

$\sqrt[3]{115} \approx 6{,}69$ Der Wurzelwert liegt also zwischen den natürlichen Zahlen 6 und 7.

Aufgaben:
Rechne aus, zwischen welchen zwei natürlichen Zahlen der Wurzelwert liegt.

Der Wurzelwert liegt zwischen den zwei natürlichen Zahlen:

1. $\sqrt[3]{2}$ ________________________
2. $\sqrt[3]{9}$ ________________________
3. $\sqrt[3]{30}$ ________________________
4. $\sqrt[3]{70}$ ________________________
5. $\sqrt[3]{100}$ ________________________
6. $\sqrt[3]{250}$ ________________________
7. $\sqrt[3]{600}$ ________________________
8. $\sqrt[3]{1\,200}$ ________________________
9. $\sqrt[3]{2\,300}$ ________________________
10. $\sqrt[3]{4\,200}$ ________________________
11. $\sqrt[3]{7\,000}$ ________________________
12. $\sqrt[3]{9\,000}$ ________________________
13. $\sqrt[3]{12\,000}$ ________________________
14. $\sqrt[3]{15\,000}$ ________________________
15. $\sqrt[3]{20\,000}$ ________________________

Radikanden bestimmen

Wenn der Wurzelexponent sowie der Wurzelwert gegeben sind, lässt sich der zugehörige Radikand bestimmen. Der Radikand ergibt sich, wenn du den Wurzelwert mit dem Wurzelexponenten potenzierst.

Beispiele:

$\sqrt{?} = 7$ $\quad 7^2 = 7 \cdot 7 = 49$ $\quad$ Radikand = 49

$\sqrt{?} = 13$ $\quad 13^2 = 13 \cdot 13 = 169$ $\quad$ Radikand = 169

$\sqrt[3]{?} = 6$ $\quad 6^3 = 6 \cdot 6 \cdot 6 = 216$ $\quad$ Radikand = 216

Wir beschränken uns auf die positiven Wurzelwerte.

Aufgaben:
Bestimme die jeweiligen Radikanden. Notiere die Radikanden unter den Wurzelzeichen.

1. $\sqrt{} = 10$
2. $\sqrt{} = 16$
3. $\sqrt{} = 23$
4. $\sqrt[3]{} = 4$
5. $\sqrt[3]{} = 7$
6. $\sqrt[3]{} = 9$
7. $\sqrt[4]{} = 3$
8. $\sqrt[4]{} = 4$
9. $\sqrt[4]{} = 6$
10. $\sqrt[3]{} = \frac{1}{3}$
11. $\sqrt[3]{} = \frac{1}{2}$
12. $\sqrt[3]{} = \frac{2}{3}$
13. $\sqrt[3]{} = 0{,}1$
14. $\sqrt[3]{} = 0{,}3$
15. $\sqrt[3]{} = 1{,}5$

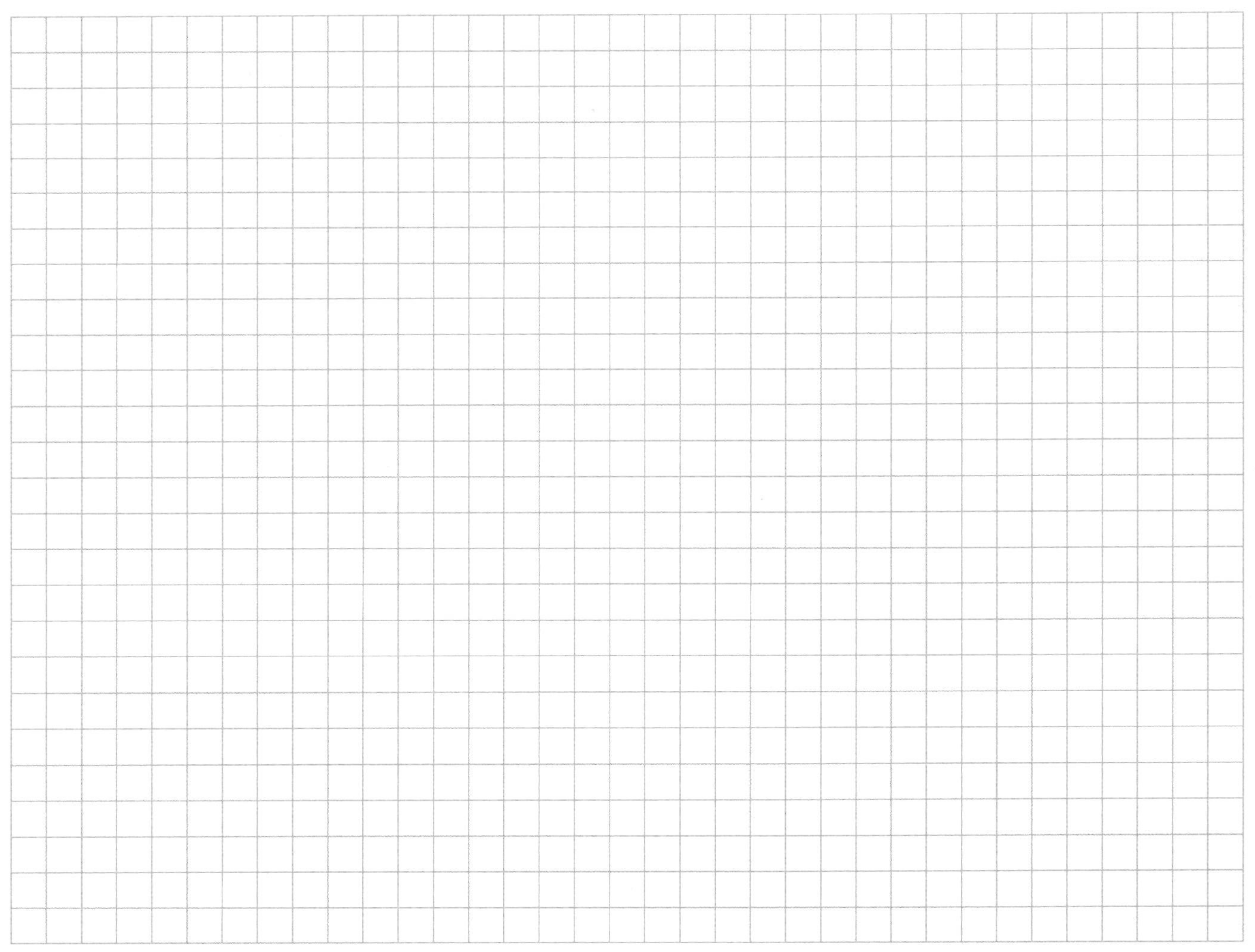

Addition und Subtraktion von Wurzeln

Nur wenn Wurzeln in ihren Radikanden (= Wurzelgrundzahlen) und ihren Wurzelexponenten (= Wurzelhochzahlen) übereinstimmen, dürfen sie sofort addiert (+) oder subtrahiert (−) werden.

Beispiele:

$3 \cdot \sqrt{16} + 2 \cdot \sqrt{16} = 5 \cdot \sqrt{16} = 5 \cdot 4 = 20$

$4 \cdot \sqrt{25} - 3 \cdot \sqrt{25} = 1 \cdot \sqrt{25} = \sqrt{25} = 5$

} Wir beschränken uns auf die positiven Wurzelwerte.

$5 \cdot \sqrt[3]{8} + 2 \cdot \sqrt[3]{8} - 4 \cdot \sqrt[3]{8} = 3 \cdot \sqrt[3]{8} = 3 \cdot 2 = 6$

Sofern die Wurzeln nicht in ihren Radikanden und ihren Wurzelexponenten übereinstimmen, werden erst einzeln die Wurzelwerte ausgerechnet. Anschließend darf man addieren bzw. subtrahieren.

Beispiele:

$\sqrt{9} + \sqrt[3]{8} = 3 + 2 = 5$

$\sqrt{100} + \sqrt{36} = 10 - 6 = 4$

$\sqrt{144} - \sqrt[3]{216} + \sqrt{196} = 12 - 6 + 14 = 20$

} Wir beschränken uns auf die positiven Wurzelwerte.

Aufgaben:

Addiere bzw. subtrahiere. Verwende lediglich die positiven Wurzelwerte.

1. $2 \cdot \sqrt{49} + 3 \cdot \sqrt{49} + 4 \cdot \sqrt{49} =$ ____________________
2. $8 \cdot \sqrt[3]{64} - 2\sqrt[3]{64} - 2\sqrt[3]{64} =$ ____________________
3. $\sqrt{81} + \sqrt{121} + \sqrt{169} =$ ____________________
4. $\sqrt{225} + \sqrt[3]{27} + \sqrt[3]{125} =$ ____________________
5. $\sqrt{289} - \sqrt[3]{343} + \sqrt{361} =$ ____________________
6. $2 \cdot \sqrt{64} + 6 \cdot \sqrt{64} - 5 \cdot \sqrt[3]{512} =$ ____________________
7. $4 \cdot \sqrt[3]{125} + 5 \cdot \sqrt[3]{216} - \sqrt{324} =$ ____________________
8. $6 \cdot \sqrt[3]{1000} - 3 \cdot \sqrt{400} + 4 \cdot \sqrt[3]{729} =$ ____________________
9. $\sqrt{625} - \sqrt[3]{1331} - \sqrt[3]{2197} =$ ____________________
10. $5 \cdot \sqrt{576} - 3 \cdot \sqrt[3]{1728} - 2 \cdot \sqrt[3]{2744} =$ ____________________

Multiplikation und Division von jeweils zwei Wurzeln mit gleichem Exponenten

Wurzeln mit gleichem Exponenten heißen gleichnamige Wurzeln.

Gleichnamige Wurzeln werden multipliziert, indem man die Radikanden malnimmt und danach aus dem Ergebnis die Wurzel zieht.

Beispiele:

$\sqrt{5} \cdot \sqrt{20} = \sqrt{5 \cdot 20} = \sqrt{100} = 10$
$\sqrt{6} \cdot \sqrt{24} = \sqrt{6 \cdot 24} = \sqrt{144} = 12$ } Wir beschränken uns auf die positiven Wurzelwerte.
$\sqrt[3]{3} \cdot \sqrt[3]{9} = \sqrt[3]{3 \cdot 9} = \sqrt[3]{27} = 3$

Gleichnamige Wurzeln werden dividiert, indem man die Radikanden teilt und danach aus dem Ergebnis die Wurzel zieht.

Beispiele:

$\sqrt{32} : \sqrt{8} = \sqrt{32 : 8} = \sqrt{4} = 2$
$\sqrt{162} : \sqrt{2} = \sqrt{162 : 2} = \sqrt{81} = 9$ } Wir beschränken uns auf die positiven Wurzelwerte.
$\sqrt[3]{192} : \sqrt[3]{3} = \sqrt[3]{192 : 3} = \sqrt[3]{64} = 4$

Aufgaben:
Rechne die positiven Wurzelwerte aus.

1. $\sqrt{27} \cdot \sqrt{3} =$ ____________________
2. $\sqrt{45} \cdot \sqrt{5} =$ ____________________
3. $\sqrt{54} \cdot \sqrt{6} =$ ____________________
4. $\sqrt{147} : \sqrt{3} =$ ____________________
5. $\sqrt{320} : \sqrt{5} =$ ____________________
6. $\sqrt[3]{16} \cdot \sqrt[3]{4} =$ ____________________
7. $\sqrt[3]{25} \cdot \sqrt[3]{5} =$ ____________________
8. $\sqrt[3]{128} \cdot \sqrt[3]{4} =$ ____________________
9. $\sqrt[3]{648} : \sqrt[3]{3} =$ ____________________
10. $\sqrt[3]{324} : \sqrt[3]{12} =$ ____________________

Teilweises Wurzelziehen

Teilweises Wurzelziehen ist möglich. Dabei wird der Radikand (= Wurzelgrundzahl) so zerlegt, dass aus einem Teil sogleich die Wurzel gezogen wird. Das Teilergebnis wird als Multiplikation mit dem übrigen Teil aufgeschrieben.

Das teilweise Wurzelziehen wird auch als partielles Wurzelziehen bezeichnet.
pars (lat.) = Teil; radix (lat.) = Wurzel

Beispiele:

$\sqrt{20} = \sqrt{4 \cdot 5} = \sqrt{4} \cdot \sqrt{5} = 2 \cdot \sqrt{5}$
$\sqrt{54} = \sqrt{9 \cdot 6} = \sqrt{9} \cdot \sqrt{6} = 3 \cdot \sqrt{6}$
} Wir beschränken uns auf die positiven Wurzelwerte.

$\sqrt[3]{81} = \sqrt[3]{27 \cdot 3} = \sqrt[3]{27} \cdot \sqrt[3]{3} = 3 \cdot \sqrt[3]{3}$

$\sqrt[3]{128} = \sqrt[3]{64 \cdot 2} = \sqrt[3]{64} \cdot \sqrt[3]{2} = 4 \cdot \sqrt[3]{2}$

Aufgaben:
Ziehe jeweils teilweise die Wurzeln. Beschränke dich dabei auf die positiven Wurzelwerte.

1. $\sqrt{8} =$ ________________

2. $\sqrt{24} =$ ________________

3. $\sqrt{45} =$ ________________

4. $\sqrt{48} =$ ________________

5. $\sqrt{75} =$ ________________

6. $\sqrt[3]{24} =$ ________________

7. $\sqrt[3]{54} =$ ________________

8. $\sqrt[3]{192} =$ ________________

9. $\sqrt[3]{250} =$ ________________

10. $\sqrt[3]{864} =$ ________________

Wurzeln als Potenzen schreiben und umgekehrt

Umwandlung von Wurzeln in Potenzen:

Wurzeln lassen sich in Potenzen mit gebrochenem Exponenten umwandeln. Mit gebrochenem Exponenten ist gemeint: Der jeweilige Exponent ist ein Bruch. Bei der Umwandlung wird der Wurzelexponent zum Nenner, der Exponent des Radikanden zum Zähler des Radikanden.

Beispiele:

$\sqrt{64} = \sqrt[2]{64^1} = 64^{\frac{1}{2}}$

$\sqrt[3]{27} = \sqrt[3]{27^1} = 27^{\frac{1}{3}}$

$\sqrt[3]{8^2} = 8^{\frac{2}{3}}$

$\sqrt[4]{16} = \sqrt[4]{16^1} = 16^{\frac{1}{4}}$

Umwandlung von Potenzen mit gebrochenem Exponenten in Wurzeln:

Potenzen mit gebrochenem Exponenten können in Wurzeln umgewandelt werden. Dabei wird der Nenner des Exponenten zum Wurzelexponenten, der Zähler zum Exponenten des Radikanden. Gesagt wird: Potenzen mit gebrochenen Exponenten sind Wurzeln.

Beispiele:

$16^{\frac{1}{2}} = \sqrt[2]{16^1}$

$8^{\frac{1}{3}} = \sqrt[3]{8^1} = \sqrt[3]{8}$

$9^{\frac{2}{4}} = 9^{\frac{1}{2}} = \sqrt[2]{9^1} = \sqrt{9}$

Aufgaben:

Wandle um in Potenzen.

1. $\sqrt{18} =$ ____________________
2. $\sqrt{121} =$ ____________________
3. $\sqrt[2]{64} =$ ____________________
4. $\sqrt[3]{6^2} =$ ____________________
5. $\sqrt[4]{4^2} =$ ____________________

Wandle um in Wurzeln.

6. $16^{\frac{1}{2}} =$ ____________________
7. $125^{\frac{1}{3}} =$ ____________________
8. $1^{\frac{2}{3}} =$ ____________________
9. $6^{\frac{2}{3}} =$ ____________________
10. $27^{\frac{2}{3}} =$ ____________________

Wurzel-, Klammer-, Punkt- und Strichrechnung

Ebenso wie die Potenzrechnung hat die Wurzelrechnung als eine höhere Rechenart in gemischten Aufgaben Vorrang vor der Punktrechnung (= Multiplikation, Division) und der Strichrechnung (= Addition, Subtraktion). Bekanntlich hat die Punktrechnung Vorrang vor der Strichrechnung.

Zuerst muss jedoch ausgerechnet werden, was in der/den Klammer(n) steht, erst anschließend, was sich außerhalb befindet. Man sollte folgenden Merkspruch kennen und richtig anwenden: Punkt vor Strich, die Klammer aber sagt: „Zuerst komme ich."

Zwei Beispiele:

$4 + \sqrt{16} - 2 \cdot \sqrt{9} = 4 + 4 - 2 \cdot 3 = 8 - 6 = 2$

$(5 + 3) \cdot \sqrt{25} - 75 : 3 = 8 \cdot \sqrt{25} - 25 = 8 \cdot 5 - 25 = 40 - 25 = 15$

Wir beschränken uns auf die positiven Wurzelwerte.

Aufgaben:
Berechne. Beschränke dich dabei auf die positiven Wurzelwerte.

1. $8 \cdot 7 - 6 + \sqrt{64} =$ ______________________
2. $6 + 5 - 45 : 9 + \sqrt{121} =$ ______________________
3. $(5 \cdot 3) : \sqrt[3]{125} + \sqrt{100} =$ ______________________
4. $\sqrt{49} \cdot \sqrt{81} - 6 \cdot (4 + 5) =$ ______________________
5. $4 \cdot (\sqrt[3]{8} + \sqrt[3]{64}) - 35 : 7 =$ ______________________
6. $(27 : 9) \cdot \sqrt{144} - \sqrt[3]{216} - 12 =$ ______________________
7. $\sqrt{225} \cdot \sqrt[3]{27} - (9 - 6) \cdot 3 =$ ______________________
8. $(\sqrt{256} - \sqrt[3]{343}) \cdot 8 - 56 : 7 =$ ______________________
9. $(\sqrt{400} : \sqrt[3]{1000}) \cdot 5 - 4 \cdot 7 =$ ______________________
10. $3 \cdot (\sqrt[3]{729} - \sqrt[3]{512}) - 3 \cdot (13 - 5) =$ ______________________

Textaufgaben • 1

1. Die 25 Schüler einer Schulklasse stellen sich so auf, dass es gleich viele Reihen mit gleich vielen Schülern gibt. Wie viele Reihen mit gleich vielen Schülern werden gebildet?

   Rechnung:

   Antwortsatz: ______________________________

2. In einer Schachtel befinden sich verpackt insgesamt 64 Tabletten in verschiedenen Schichten. Die Anzahl der Tabletten in jeder Schicht ist gleich und entspricht der Anzahl der Schichten in der Schachtel. Wie viele Tabletten liegen in einer Schicht?

   Rechnung:

   Antwortsatz: ______________________________

3. Die Anzahl der blühenden Rosen in einem großen Beet quadrierte sich auf 9. Wie viele Rosen blühten vorher auf dem Beet?

   Rechnung:

   Antwortsatz: ______________________________

4. Wie viel ergibt die Kubikwurzel aus 64?

   Rechnung:

   Antwortsatz: ______________________________

5. Aus welcher Zahl beträgt die dritte Wurzel als Wurzelwert 5?

   Rechnung:

   Antwortsatz: ______________________________

Vorbereitung auf die Textaufgaben Nr. 6–20 • 1

Wurzeln kommen in der Planimetrie (= Flächenlehre) und Stereometrie (= Raumlehre) vor. Um manche Dinge zu berechnen, werden Formeln für verschiedene Figuren und Körper (siehe Seite 25) umgestellt. Beim Umstellen muss auf jeder Seite der Gleichung dieselbe Rechenoperation erfolgen. Schließlich muss das, wonach gefragt wird (z. B. die Seitenlänge a), allein auf einer Seite (möglichst auf der linken Seite) der Gleichung stehen.

Beispiele:

- Die Formel für die Berechnung der Fläche von Quadraten: $A = a \cdot a$

  $A = a^2$

  Ist die Flächengröße A bekannt, heißt es, zur Berechnung der Seitenlänge a die Quadratwurzel zu ziehen:

  $A = a^2$ | Seitentausch

  $a^2 = A$ | $\sqrt{\ }$

  $a = \sqrt{A}$

- Die Formel für die Berechnung der Fläche von Kreisen: $A = \pi \cdot r^2$

  Ist die Flächengröße A bekannt, heißt es, zur Berechnung des Radius die Kreiszahl π (≈ 3,14 …) auf die andere Seite der Gleichung zu bringen und danach die Quadratwurzel zu ziehen:

  $A = \pi \cdot r^2$ | : π

  $\frac{A}{\pi} = r^2$ | Seitentausch

  $r^2 = \frac{A}{\pi}$ | $\sqrt{\ }$

  $r = \sqrt{\frac{A}{\pi}}$

- Die Formel für die Berechnung des Volumens von Würfeln: $V = a^3$

  Ist die Größe des Volumens bekannt, heißt es, zur Berechnung der Kantenlänge (a) die Kubikwurzel (= dritte Wurzel) zu ziehen:

  $V = a^3$ | Seitentausch

  $a^3 = V$ | $\sqrt[3]{\ }$

  $a = \sqrt[3]{V}$

- Die Formel für die Berechnung der Oberfläche von Würfeln: $O = 6\,a^2$

  Ist die Flächengröße der Oberfläche bekannt, heißt es, zur Berechnung der Kantenlänge (a) die 6 auf die andere Seite der Gleichung zu bringen und danach die Quadratwurzel zu ziehen:

  $O = 6\,a^2$ | : 6

  $\frac{O}{6} = a^2$ | Seitentausch

  $a^2 = \frac{O}{6}$ | $\sqrt{\ }$

  $a = \sqrt{\frac{O}{6}}$

- Die Formel für die Berechnung des Volumens von quadratischen Pyramiden: $V = \frac{1}{3} a^2 \cdot h$

  Ist die Größe des Volumens bekannt, heißt es, zur Berechnung der Kantenlänge (a) h sowie $\frac{1}{3}$.auf die andere Seite der Gleichung zu bringen. Danach gilt es, die Quadratwurzel zu ziehen:

$V = \frac{1}{3} a^2 \cdot h \quad | : h$

$\frac{V}{h} = \frac{1}{3} a^2 \quad | \cdot 3$

$3 \frac{V}{h} = a^2 \quad$ | Seitentausch

$a^2 = 3 \frac{V}{h} \quad | \sqrt{\ }$

$a = \sqrt{\frac{3V}{h}}$

Der Satz des Pythagoras

Mithilfe des Pythagoras-Satzes lassen sich die Seitenlängen in rechtwinkligen Dreiecken berechnen. Bei der Anwendung des Pythagoras-Satzes muss man potenzieren (in diesem Fall quadrieren) und jeweils die Quadratwurzel ziehen.

$\text{Hypotenuse}^2 = \text{Kathete}_I^2 + \text{Kathete}_{II}^2 \quad | \sqrt{\ }$

$\text{Hypotenuse} = \sqrt{\text{Kathete}_I^2 + \text{Kathete}_{II}^2}$

$\text{Kathete}_{(I\ oder\ II)}^2 = \text{Hypotenuse}^2 - \text{Kathete}_{(I\ oder\ II)}^2 \quad | \sqrt{\ }$

$\text{Kathete}_{(I\ oder\ II)} = \sqrt{\text{Hypotenuse}^2 - \text{Kathete}_{(I\ oder\ II)}^2}$

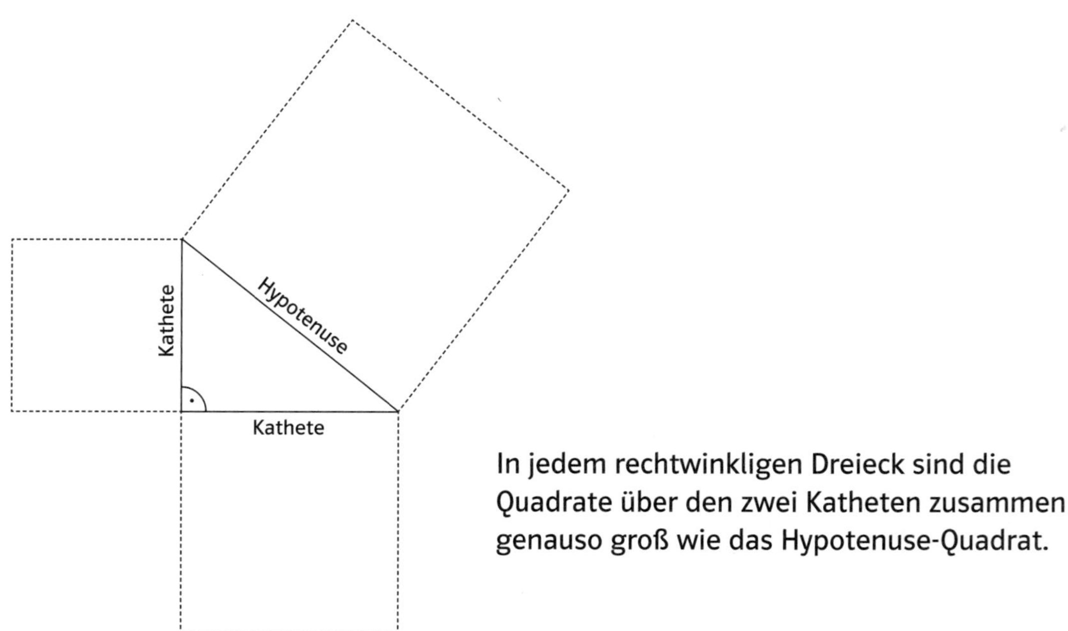

In jedem rechtwinkligen Dreieck sind die Quadrate über den zwei Katheten zusammen genauso groß wie das Hypotenuse-Quadrat.

6. Die quadratische Fläche eines Gartens ist 196 m^3 groß. Wie lang ist jede Seite der quadratischen Fläche?

Rechnung:

Antwortsatz: ____________________

7. Die Seiten eines Quadrats sind jeweils 9 cm lang. Wie lang ist jede Seite eines Quadrats, dessen Flächengröße viermal so groß ist?

Rechnung:

Antwortsatz: ____________________

8. Die Flächengröße eines Kreises beträgt 200 cm^2. Berechne den Radius des Kreises.

Rechnung:

Antwortsatz: ____________________

9. Wie lang ist der Durchmesser eines Kreises, der eine Flächengröße von 400 cm^2 aufweist?

Rechnung:

Antwortsatz: ____________________

10. Ein Kreis und ein Quadrat haben dieselbe Flächengröße. Der Kreis besitzt einen Radius von 10 cm. Welche Länge hat jede Seite des Quadrats?

Rechnung:

Antwortsatz: ______________________________

11. Ein Behälter hat die Form eines Würfels. Wie lang ist jede Kante des Behälters, der das Volumen 3,375 m^3 aufweist?

Rechnung:

Antwortsatz: ______________________________

12. Die Oberfläche eines Würfels beträgt 384 cm^2. Welche Länge besitzt jede Kante des Würfels?

Rechnung:

Antwortsatz: ______________________________

13. Berechne die Seitenlänge einer quadratischen Pyramide. Das Volumen der Pyramide beträgt 2 000 m^3, die Höhe 15 m.

Rechnung:

Antwortsatz: ______________________________

14. Welchen Radius weist eine Kugel mit einer Oberfläche von 3 000 cm^2 auf?

Rechnung:

Antwortsatz: ____________________

15. Welchen Radius hat eine Kugel mit einem Volumen von 25 000 cm^3?

Rechnung:

Antwortsatz: ____________________

16. Eine Kathete ist 5 cm lang, die andere Kathete 12 cm. Welche Länge hat die Hypotenuse?

Rechnung:

Antwortsatz: ____________________

17. Berechne die Länge einer Kathete, wenn die andere Kathete 8 cm und die Hypotenuse 17 cm lang sind.

Rechnung:

Antwortsatz: ____________________

18. Die Länge eines Rechtecks beträgt 18 cm, die Breite 12 cm. Wie lang ist jede der beiden Diagonalen des Rechtecks?

Rechnung:

Antwortsatz: ______________________________

19. Schräg steht eine 7 m lange Leiter auf dem Boden 2 m von der Hauswand entfernt. In welcher Höhe berührt die Leiter die Hauswand?

Rechnung:

Antwortsatz: ______________________________

20. Durch einen Sturm wird eine senkrecht stehende Fahnenstange in 6 m Höhe umgeknickt, sodass die Spitze 7 m vom Fußpunkt der Fahnenstange entfernt den Erdboden berührt. Wie lang ist die umgeknickte Fahnenstange?

Rechnung:

Antwortsatz: ______________________________

Test A: Potenzen und Wurzeln

Name:

erreichte Punktzahl:

1. Welcher Teil wird bei Potenzen als Basis bezeichnet?

   ____

   ____

2. Rechne aus. $3^4 =$ ______________

3. Wie heißt die nächste Kubikzahl nach 64?

   ____

4. Rechne aus. $\left(\frac{2}{5}\right)^3 =$ ______________

5. Rechne aus.

   $(-6)^3 =$ ______________

6. Notiere den Exponenten, damit die Gleichung stimmt. $2^{\square} = 64$

7. Wandle um in eine Potenz. $0{,}04 =$ ________

8. Berechne den Potenzwert.

   $7^{-3} =$ ______________

9. Rechne aus. $4^3 + 3^3 - 2^3 =$ ______________

10. Rechne aus. $9^2 \cdot 10^2 =$ ______________

11. Rechne aus. $(8 + 4)^2 - 3 \cdot (5 + 3)^2 =$

    ____

12. Schreibe als Zehnerpotenz.

    $8\,600\,000 =$ ______________

13. Die Kantenlängen einer würfelförmigen Schachtel betragen jeweils 8 cm. Wie groß ist das Volumen der Schachtel?

    ____

    ____

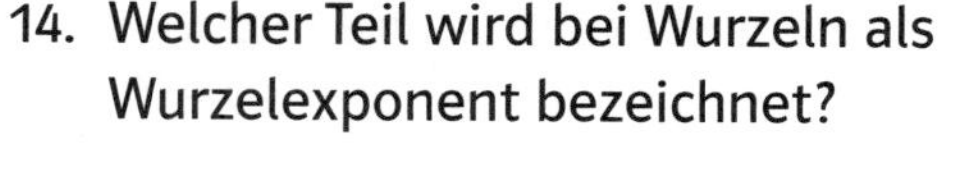

14. Welcher Teil wird bei Wurzeln als Wurzelexponent bezeichnet?

    ____

    ____

15. Rechne aus. $\sqrt{256} =$ ________

16. Zwischen welchen beiden natürlichen Zahlen liegt der Wurzelwert von $\sqrt{350}$?

    ____

17. Zwischen welchen beiden natürlichen Zahlen liegt der Wurzelwert von $\sqrt[3]{5\,000}$?

    ____

18. Ergänze, was fehlt, damit die Gleichung stimmt. $\sqrt[3]{\square} = 9$

19. Rechne aus. $3 \cdot \sqrt[3]{64} + 2 \cdot \sqrt{81} - 4 \cdot \sqrt[3]{27} =$

    ____

    ____

20. Rechne aus. $\sqrt{24} : \sqrt{6} =$ ______________

21. Ziehe teilweise die Wurzel.

    $\sqrt{27} =$ ______________

22. Schreibe als Potenz. $\sqrt[3]{125} =$ ________

23. Rechne aus. $\sqrt{49} \cdot \sqrt{64} - 3 \cdot (2 + 3) =$

    ____

24. Ein quadratförmiges Grundstück ist $784\ \text{m}^2$ groß. Wie lang ist jede Seite des Grundstücks?

    ____

    ____

    ____

Test B: Potenzen und Wurzeln

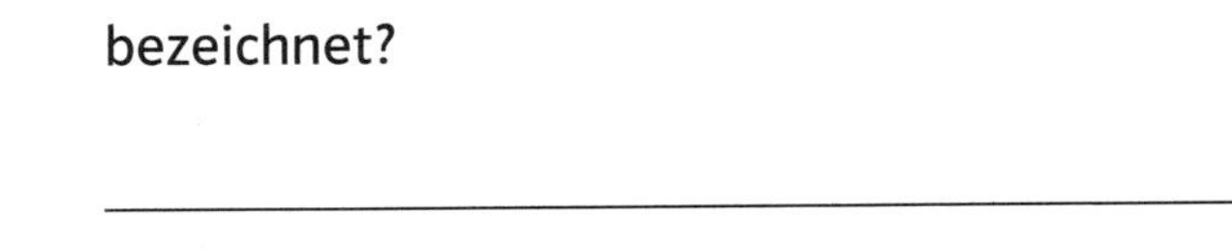

1. Welcher Teil wird bei Potenzen als Exponent bezeichnet?

   ____

   ____

2. Rechne aus. $4^3 =$ ______________

3. Wie heißt die nächste Kubikzahl nach 125?

   ____

4. Rechne aus. $\left(\frac{3}{4}\right)^3 =$ ______________

5. Rechne aus. $(-5)^3 =$ ______________

6. Notiere den Exponenten, damit die Gleichung stimmt. $2^{\square} = 128$

7. Wandle um in eine Potenz. $0{,}01 =$ ________

8. Berechne den Potenzwert.

   $8^{-3} =$ ______________

9. Rechne aus.

   $3^4 + 2^3 - 4^4 =$ ______________

10. Rechne aus. $10^2 \cdot 7^2 =$ ______________

11. Rechne aus. $(7 + 6)^2 - 2 \cdot (10 - 4)^2 =$

    ____

12. Schreibe als Zehnerpotenz.

    $6\,800\,000 =$ ______________

13. Die Kanten einer würfelförmigen Schachtel sind jeweils 9 cm lang. Wie viel beträgt das Volumen der Schachtel?

    ____

    ____

14. Welcher Teil wird bei Wurzeln als Radikand bezeichnet?

    ____

    ____

15. Rechne aus. $\sqrt{289} =$ ________

16. Zwischen welchen beiden natürlichen Zahlen liegt der Wurzelwert von $\sqrt{200}$?

    ____

17. Zwischen welchen beiden natürlichen Zahlen liegt der Wurzelwert von $\sqrt[3]{6\,000}$?

    ____

18. Ergänze, was fehlt, damit die Gleichung stimmt. $\sqrt[3]{\square} = 8$

19. Rechne aus. $4 \cdot \sqrt[3]{8} + 3 \cdot \sqrt{64} - 2 \cdot \sqrt[3]{27} =$

    ____

    ____

20. Rechne aus. $\sqrt{32} : \sqrt{8} =$ ______________

21. Ziehe teilweise die Wurzel.

    $\sqrt{28} =$ ______________

22. Schreibe als Potenz. $\sqrt[3]{216} =$ ________

23. Rechne aus. $\sqrt{49} \cdot \sqrt{81} - 2 \cdot (4 + 2) =$

    ____

24. Eine quadratische Fläche hat eine Größe von 841 m^2. Wie lang ist jede Seite der Fläche?

    ____

    ____

    ____

Potenzen und Wurzeln (Themenübersicht)

Was kannst du?

① Potenzen und Fachbegriffe erklären	② Potenzen mit natürlicher Basis und natürlichen Exponenten berechnen	③ Quadratzahlen und Kubikzahlen benennen und erläutern	④ Potenzen von Brüchen, gemischten Zahlen und Dezimalzahlen ausrechnen	⑤ Potenzen mit negativen Zahlen als Basis ermitteln	⑥ Exponenten und Basen bestimmen
⑦ Potenzwerte in Potenzen umwandeln	⑧ Potenzen mit ganzzahligen negativen Exponenten berechnen	⑨ Potenzen addieren und subtrahieren	⑩ Potenzen multiplizieren und dividieren	⑪ Potenz-, Klammer-, Punkt- und Strichrechnungen durchführen	⑫ Zehnerpotenzen erklären und umwandeln
⑬ Textaufgaben der Potenzrechnung lösen	⑭ Wurzeln und Fachbegriffe erklären	⑮ Quadratwurzeln und Kubikwurzeln berechnen	⑯ Näherungswerte von Quadratwurzeln ausrechnen	⑰ Näherungswerte von Kubikwurzeln ausrechnen	⑱ Radikanden bestimmen
⑲ Wurzeln addieren und subtrahieren	⑳ zwei Wurzeln mit gleichem Exponenten multiplizieren und dividieren	㉑ teilweise Wurzeln ziehen	㉒ Wurzeln als Potenzen schreiben und umgekehrt	㉓ Wurzel-, Klammer-, Punkt- und Strichrechnungen durchführen	㉔ Textaufgaben der Wurzelrechnung lösen

Lernerfolgskontrolle 1 • 1

Was kannst du?

Wie heißt das Fachwort für das Endergebnis des Potenzierens? ①	Rechne aus. $2^5 =$ ②	Welche Zahl ist die kleinste Quadratzahl und Kubikzahl? ③
Rechne aus. $\left(\frac{2}{3}\right)^2 =$ ④	Rechne aus. $(-4)^2 =$ ⑤	Bestimme den Exponenten, damit die Gleichung stimmt. $4^{\_} = 256$ ⑥
Wandle um in eine Potenz. $27 =$ ⑦	Rechne um in einen Bruch. $5^{-3} =$ ⑧	Rechne aus. $2^3 + 6^2 - 5^1 =$ ⑨
Rechne aus. $8^2 \cdot 9^2 =$ ⑩	Rechne aus. $3 \cdot (9 - 2) + (8 - 4)^3 =$ ⑪	Gib an als Zehnerpotenz. $384\,000 =$ ⑫

Lernerfolgskontrolle 1 • 2

Was kannst du?

Angenommen: Vier Bakterien sind vorhanden. Sie vermehren sich durch Zweiteilung alle 20 Minuten. Wie viele Bakterien gibt es nach einer Stunde? ⑬	Wie lautet das Fachwort für das Endergebnis beim Wurzelziehen? ⑭	Rechne aus. $\sqrt[3]{512} =$ ⑮
Zwischen welchen beiden natürlichen Zahlen liegt das Ergebnis des Wurzelziehens von $\sqrt{450}$? ⑯	Zwischen welchen beiden natürlichen Zahlen liegt das Ergebnis des Wurzelziehens von $\sqrt[3]{2\,000}$? ⑰	Ergänze, was fehlt, damit die Gleichung stimmt. $\sqrt[3]{\quad} = 10$ ⑱
Rechne aus. $4^3 + 5^2 - 3^4 =$ ⑲	Rechne aus. $\sqrt[3]{135} : \sqrt[3]{5} =$ ⑳	Ziehe teilweise die Wurzel. $\sqrt{12} =$ ㉑
Schreibe als Potenz. $\sqrt[3]{343} =$ ㉒	Rechne aus. $\sqrt{64} + \sqrt{81} - 4 \cdot (9 - 7) =$ ㉓	Eine würfelförmige Schachtel hat ein Volumen von 729 cm^3. Wie lang ist jede Kante der Schachtel? ㉔

Lernerfolgskontrolle 2 • 1

Was kannst du?

Erkläre kurz, was Potenzen sind. ①	Rechne aus. $3^5 =$ ②	Welche der folgenden vier Zahlen sind Quadratzahlen und welche sind Kubikzahlen? 8 9 100 1000 ③
Rechne aus. $0{,}2^3 =$ ④	Rechne aus. $(-7)^3 =$ ⑤	Bestimme die Basis, damit die Gleichung stimmt. $\_\_\_^2 = 625$ ⑥
Wandle um in eine Potenz. $-64 =$ ⑦	Rechne um in einen Bruch. $6^{-3} =$ ⑧	Rechne aus. $(-5)^3 + 4^4 - 2^4 =$ ⑨
Rechne aus. $9^6 : 9^4 =$ ⑩	Rechne aus. $(24 : 6)^3 - (3 + 2)^2 =$ ⑪	Gib an als Zehnerpotenz. $0{,}00045 =$ ⑫

Lernerfolgskontrolle 2 • 2

Was kannst du?

Als Neuwagen kostete ein Auto 20 000 Euro. Welchen Wert hat das Auto nach vier Jahren bei einem jährlichen Wertverlust von 15 %? ⑬	Erkläre, was ein Radikand ist. ⑭	Rechne aus. $\sqrt[3]{393}$ = ⑮
Zwischen welchen beiden natürlichen Zahlen liegt das Ergebnis des Wurzelziehens von $\sqrt{600}$? ⑯	Zwischen welchen beiden natürlichen Zahlen liegt das Ergebnis des Wurzelziehens von $\sqrt[3]{4\,000}$? ⑰	Ergänze, was fehlt, damit die Gleichung stimmt. $\sqrt[3]{\quad} = 6$ ⑱
Rechne aus. $4^3 - 3^5 + 2^6 =$ ⑲	Rechne aus. $\sqrt{6} \cdot \sqrt{24} =$ ⑳	Ziehe teilweise die Wurzel. $\sqrt{45} =$ ㉑
Schreibe als Potenz. $\sqrt[3]{8^2} =$ ㉒	Rechne aus. $(\sqrt{196} - \sqrt[3]{125}) \cdot 5 - 4 \cdot 6 =$ ㉓	Die Hypotenuse eines rechtwinkligen Dreiecks ist 10 cm lang, eine Kathete 8 cm. Wie lang ist die andere Kathete? ㉔

Potenzen – Was sind das?

Potenzen sind geschriebene Kurzformen (= Verkürzungen) für das Malnehmen (= die Multiplikation) gleicher Zahlen oder Variablen (= Platzhalter). Das Wort Potenz stammt aus der lateinischen Sprache: potens (lat.) = mächtig, stark, fähig.

Beispiele für Potenzen sind:
5^2 Man spricht: „5 hoch 2". Das bedeutet 5 • 5
4^3 Man spricht: „4 hoch 3". Das bedeutet 4 • 4 • 4
x^2 Man spricht: „x hoch 2". Das bedeutet x • x

Hinweis: x ist eine Variable.

Die jeweils unten stehende Zahl bzw. Variable ist die Basis (= Grundzahl).
basis (griech./lat.) = Boden, Grundmauer, Sockel
Die Basis gibt an, welche Zahl bzw. Variable malgenommen wird.

Die kleine, oben stehende Zahl ist der Exponent (= Hochzahl).
exponere (lat.) = herausstellen, heraussetzen
Der Exponent sagt aus, wie oft die Basis malgenommen wird.
Das Ergebnis ist der Potenzwert.

Beispiel: 5^2 = **25**
Das Verb (= Tätigkeitswort) zum Nomen (= Hauptwort) Potenz heißt potenzieren.

Aufgabe:
Erkläre in eigenen Sätzen, was Potenzen sind.

individuelle Lösungen

4 © PERSEN Verlag

Potenzen mit natürlicher Basis und natürlichem Exponenten

Die jeweilige Basis (= Grundzahl) sagt aus, was malgenommen (= multipliziert) wird. Der dazu rechts oben genannte Exponent (= Hochzahl) gibt an, wie oft die Basis multipliziert wird.

Steht als Exponent eine kleine 1, wird die Basis nur noch einmal aufgeschrieben. **Beispiel:** $2^1 = 2$

Steht als Exponent eine kleine 2, wird die Basis einmal mit sich selbst multipliziert. **Beispiel:** $8^2 = 8 \cdot 8 = 64$

Steht als Exponent eine kleine 3, wird die Basis zweimal mit sich selbst multipliziert.
Beispiel: $6^3 = 6 \cdot 6 \cdot 6 = 216$

Aufgaben:
Berechne die Potenzwerte.

1. 6^1 = 6
2. 7^1 = 7
3. 9^1 = 9
4. 1^2 = 1 • 1 = 1
5. 2^2 = 2 • 2 = 4
6. 3^2 = 3 • 3 = 9
7. 2^3 = 2 • 2 • 2 = 8
8. 3^3 = 3 • 3 • 3 = 27
9. 4^3 = 4 • 4 • 4 = 64
10. 5^3 = 5 • 5 • 5 = 125
11. 2^4 = 2 • 2 • 2 • 2 = 16
12. 3^4 = 3 • 3 • 3 • 3 = 81
13. 4^4 = 4 • 4 • 4 • 4 = 256
14. 5^4 = 5 • 5 • 5 • 5 = 625
15. 2^5 = 2 • 2 • 2 • 2 • 2 = 32
16. 3^5 = 3 • 3 • 3 • 3 • 3 = 243
17. 4^5 = 4 • 4 • 4 • 4 • 4 = 1024
18. 2^6 = 2 • 2 • 2 • 2 • 2 • 2 = 64
19. 3^6 = 3 • 3 • 3 • 3 • 3 • 3 = 729
20. 4^6 = 4 • 4 • 4 • 4 • 4 • 4 = 4096

© PERSEN Verlag 5

Quadratzahlen

Quadratzahlen sind Zahlen, die sich als Resultat ergeben, wenn jeweils zwei gleiche natürliche Zahlen (1, 2, 3 ...) miteinander malgenommen (= multipliziert) werden.

Beispiele:
$1^2 = 1 \cdot 1 =$ **1**
$2^2 = 2 \cdot 2 =$ **4**
$3^2 = 3 \cdot 3 =$ **9**
$4^2 = 4 \cdot 4 =$ **16**
$5^2 = 5 \cdot 5 =$ **25**

Die Zahlen 1, 4, 9, 16, 25 sind also Quadratzahlen.

Aufgaben:
Berechne weitere Quadratzahlen.

1. $6^2 =$ 6 · 6 = 36
2. $7^2 =$ 7 · 7 = 49
3. $8^2 =$ 8 · 8 = 64
4. $9^2 =$ 9 · 9 = 81
5. $10^2 =$ 10 · 10 = 100
6. $11^2 =$ 11 · 11 = 121
7. $12^2 =$ 12 · 12 = 144
8. $13^2 =$ 13 · 13 = 169
9. $14^2 =$ 14 · 14 = 196
10. $15^2 =$ 15 · 15 = 225
11. $16^2 =$ 16 · 16 = 256
12. $17^2 =$ 17 · 17 = 289
13. $18^2 =$ 18 · 18 = 324
14. $19^2 =$ 19 · 19 = 361
15. $20^2 =$ 20 · 20 = 400
16. $21^2 =$ 21 · 21 = 441
17. $22^2 =$ 22 · 22 = 484
18. $23^2 =$ 23 · 23 = 529
19. $24^2 =$ 24 · 24 = 576
20. $25^2 =$ 25 · 25 = 625

Kubikzahlen

Kubikzahlen kommen als Resultat zustande, wenn jeweils drei gleiche natürliche Zahlen (1, 2, 3 ...) miteinander malgenommen (= multipliziert) werden.

Beispiele:
$1^3 = 1 \cdot 1 \cdot 1 =$ **1**
$2^3 = 2 \cdot 2 \cdot 2 =$ **8**
$3^3 = 3 \cdot 3 \cdot 3 =$ **27**
$4^3 = 4 \cdot 4 \cdot 4 =$ **64**
$5^3 = 5 \cdot 5 \cdot 5 =$ **125**

Die Zahlen 1, 8, 27, 64, 125 sind also Kubikzahlen.

Aufgaben:
Berechne weitere Kubikzahlen.

1. $6^3 =$ 6 · 6 · 6 = 216
2. $7^3 =$ 7 · 7 · 7 = 343
3. $8^3 =$ 8 · 8 · 8 = 512
4. $9^3 =$ 9 · 9 · 9 = 729
5. $10^3 =$ 10 · 10 · 10 = 1 000
6. $11^3 =$ 11 · 11 · 11 = 1 331
7. $12^3 =$ 12 · 12 · 12 = 1 728
8. $13^3 =$ 13 · 13 · 13 = 2 197
9. $14^3 =$ 14 · 14 · 14 = 2 744
10. $15^3 =$ 15 · 15 · 15 = 3 375
11. $16^3 =$ 16 · 16 · 16 = 4 096
12. $17^3 =$ 17 · 17 · 17 = 4 913
13. $18^3 =$ 18 · 18 · 18 = 5 832
14. $19^3 =$ 19 · 19 · 19 = 6 859
15. $20^3 =$ 20 · 20 · 20 = 8 000
16. $21^3 =$ 21 · 21 · 21 = 9 261
17. $22^3 =$ 22 · 22 · 22 = 10 648
18. $23^3 =$ 23 · 23 · 23 = 12 167
19. $24^3 =$ 24 · 24 · 24 = 13 824
20. $25^3 =$ 25 · 25 · 25 = 15 625

Quadratzahlen und Kubikzahlen

49 16 1000 9
1 729 343 25
27 216 125 1
64 4 512 100
64 81 36 8

Aufgaben:
Quadratzahl und/oder Kubikzahl? Welche der oben genannten Zahlen gehören dazu? Ordne die genannten Zahlen jeweils zu – und zwar von der kleinsten zur größten Zahl. Trage dann entsprechend die Zahlen in der unteren Tabelle ein.

Quadratzahlen	Kubikzahlen
1	1
4	8
9	27
16	64
25	125
36	216
49	343
64	512
81	729
100	1000

Potenzen mit Brüchen und gemischten Zahlen als Basis

Potenzen mit Brüchen als Basis werden potenziert, indem man den Zähler und den Nenner getrennt voneinander mit sich selbst multipliziert.

Drei Beispiele:

$\left(\frac{1}{2}\right)^2 = \frac{1}{2} \cdot \frac{1}{2} = \frac{1}{4}$

$\left(\frac{4}{5}\right)^2 = \frac{4}{5} \cdot \frac{4}{5} = \frac{16}{25}$

$\left(\frac{2}{3}\right)^3 = \frac{2}{3} \cdot \frac{2}{3} \cdot \frac{2}{3} = \frac{8}{27}$

Potenzen mit gemischten Zahlen: Die gemischten Zahlen müssen jeweils in Brüche (= unechte Brüche) umgewandelt werden. Danach gilt es, die Zähler und Nenner getrennt voneinander mit sich selbst zu multiplizieren. Das jeweilige Ergebnis kann wieder in eine gemischte Zahl umgewandelt werden.

Drei Beispiele:

$\left(1\frac{1}{3}\right)^2 = \left(\frac{4}{3}\right)^2 = \frac{4}{3} \cdot \frac{4}{3} = \frac{16}{9} = 1\frac{7}{9}$

$\left(2\frac{3}{4}\right)^2 = \left(\frac{11}{4}\right)^2 = \frac{11}{4} \cdot \frac{11}{4} = \frac{121}{16} = 7\frac{9}{16}$

$\left(2\frac{2}{5}\right)^3 = \left(\frac{12}{5}\right)^3 = \frac{12}{5} \cdot \frac{12}{5} \cdot \frac{12}{5} = \frac{1728}{125} = 13\frac{103}{125}$

Aufgaben:
Berechne die Potenzwerte.

1. $\left(\frac{1}{3}\right)^2 = \frac{1}{9}$
2. $\left(\frac{2}{3}\right)^2 = \frac{4}{9}$
3. $\left(\frac{3}{4}\right)^2 = \frac{9}{16}$
4. $\left(\frac{2}{5}\right)^2 = \frac{4}{25}$
5. $\left(\frac{5}{6}\right)^2 = \frac{25}{36}$
6. $\left(\frac{1}{3}\right)^3 = \frac{1}{27}$
7. $\left(\frac{1}{4}\right)^3 = \frac{1}{64}$
8. $\left(\frac{3}{4}\right)^3 = \frac{27}{64}$
9. $\left(\frac{2}{5}\right)^3 = \frac{8}{125}$
10. $\left(\frac{4}{5}\right)^3 = \frac{64}{125}$
11. $\left(1\frac{1}{2}\right)^2 = \left(\frac{3}{2}\right)^2 = \frac{9}{4} = 2\frac{1}{4}$
12. $\left(1\frac{2}{3}\right)^2 = \left(\frac{5}{3}\right)^2 = \frac{25}{9} = 2\frac{7}{9}$
13. $\left(2\frac{1}{4}\right)^2 = \left(\frac{9}{4}\right)^2 = \frac{81}{16} = 5\frac{1}{16}$
14. $\left(1\frac{1}{4}\right)^3 = \left(\frac{5}{4}\right)^3 = \frac{125}{64} = 1\frac{61}{64}$
15. $\left(2\frac{3}{4}\right)^3 = \left(\frac{11}{4}\right)^3 = \frac{1331}{64} = 20\frac{51}{64}$

Potenzen mit Dezimalzahlen als Basis

Beim Potenzieren mit Dezimalzahlen als Basis ist u.a. auf die richtige Kommasetzung beim Ergebnis (= Potenzwert) zu achten.

Drei Beispiele:

$0,3^2$ z.B. ist nicht 0,9, sondern 0,09. Begründung:

$$\begin{array}{r} \underline{0,3 \cdot 0,3} \\ 00 \\ \underline{09} \\ 0,09 \end{array}$$

$1,4^2 = 1,96$ Begründung:

$$\begin{array}{r} \underline{1,4 \cdot 1,4} \\ 14 \\ \underline{56} \\ 1,96 \end{array}$$

$1,02^3 = 1,061208$ Begründung:

$$\begin{array}{r} \underline{1,02 \cdot 1,02} \\ 102 \\ 000 \\ \underline{204} \\ 1,0404 \end{array} \qquad \begin{array}{r} \underline{1,0404 \cdot 1,02} \\ 10404 \\ 00000 \\ \underline{20808} \\ 1,061208 \end{array}$$

Aufgaben:

1. $0,2^2 =$ **0,04**
2. $0,5^2 =$ **0,25**
3. $0,9^2 =$ **0,81**
4. $1,3^2 =$ **1,69**
5. $2,4^2 =$ **5,76**
6. $0,3^3 =$ **0,027**
7. $0,7^3 =$ **0,343**
8. $1,8^3 =$ **5,832**
9. $2,3^3 =$ **12,167**
10. $1,04^3 =$ **1,124864**

Potenzen mit negativen Zahlen als Basis

Auch negative Zahlen lassen sich potenzieren. Ist bei negativen Zahlen als Basis der Exponent eine gerade Zahl, ist der Potenzwert positiv.

Zwei Beispiele:

$(-2)^2 = (-2) \cdot (-2) = 4$

$(-3)^4 = (-3) \cdot (-3) \cdot (-3) \cdot (-3) = 81$

Hinweis:
Minus • Minus ergibt Plus.

Im Gegensatz dazu ist der Potenzwert negativ, wenn der Exponent eine ungerade Zahl ist.

Zwei Beispiele:

$(-4)^1 = -4$

$(-5)^3 = (-5) \cdot (-5) \cdot (-5) = -125$

Hinweis:
Plus • Minus ergibt Minus.

Aufgaben:

Berechne die Potenzwerte.

1. $(-2)^1 =$ **−2**
2. $(-3)^2 =$ **9**
3. $(-4)^3 =$ **−64**
4. $(-8)^2 =$ **512**
5. $(-6)^3 =$ **−216**
6. $(-5)^4 =$ **625**
7. $(-7)^3 =$ **−343**
8. $\left(-\frac{1}{2}\right)^2 =$ $\mathbf{\frac{1}{4}}$
9. $\left(-\frac{2}{3}\right)^4 =$ $\mathbf{\frac{16}{81}}$
10. $\left(-1\frac{1}{2}\right)^2 =$ $\mathbf{\left(-\frac{3}{2}\right)^2 = \frac{9}{3} = 2\frac{1}{4}}$
11. $\left(-2\frac{1}{3}\right)^3 =$ $\mathbf{\left(-\frac{7}{3}\right)^3 = -\frac{343}{27} = -12\frac{19}{27}}$
12. $(-0,2)^2 =$ **0,04**
13. $(-0,3)^3 =$ **−0,027**
14. $(-1,1)^3 =$ **−1,331**
15. $(-1,3)^4 =$ **2,8561**

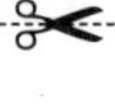

Exponenten bestimmen

Sind die jeweilige Basis (= Grundzahl) und der Potenzwert (= Ergebnis des Potenzierens) bekannt, lässt sich der zugehörige Exponent (= Hochzahl) bestimmen. Dabei wird die Basis als Faktor* so oft multipliziert, bis als Ergebnis der vorgegebene Potenzwert erreicht wird. Die Anzahl der Faktoren entspricht der Zahl des Exponenten.

Drei Beispiele:

$4^{\_} = 64$	$4 \cdot 4 \cdot 4 = 64$	Also ist 3 der gesuchte Exponent.
$2^{\_} = 32$	$2 \cdot 2 \cdot 2 \cdot 2 \cdot 2 = 32$	Also ist 5 der gesuchte Exponent.
$10^{\_} = 100$	$10 \cdot 10 = 100$	Also ist 2 der gesuchte Exponent.

Aufgaben:
Bestimme jeweils den zugehörigen Exponenten.

1. $3^{\mathbf{2}} = 9$
2. $2^{\mathbf{4}} = 16$
3. $5^{\mathbf{1}} = 5$
4. $4^{\mathbf{2}} = 16$
5. $5^{\mathbf{3}} = 125$
6. $10^{\mathbf{2}} = 100$
7. $2^{\mathbf{7}} = 128$
8. $3^{\mathbf{4}} = 81$
9. $7^{\mathbf{3}} = 343$
10. $4^{\mathbf{4}} = 256$
11. $\left(\frac{1}{2}\right)^{\mathbf{2}} = \frac{1}{4}$
12. $\left(\frac{2}{3}\right)^{\mathbf{4}} = \frac{16}{81}$
13. $\left(\frac{3}{4}\right)^{\mathbf{3}} = \frac{27}{64}$
14. $(0,1)^{\mathbf{2}} = 0,01$
15. $(0,2)^{\mathbf{3}} = 0,008$
16. $(-5)^{\mathbf{4}} = 625$
17. $(-8)^{\mathbf{3}} = -512$
18. $(-0,5)^{\mathbf{4}} = 0,0625$
19. $(-0,9)^{\mathbf{4}} = 0,6561$
20. $(-1,5)^{\mathbf{3}} = -3,375$

* Faktor = das, was multipliziert wird
factor (lat.) = Macher; jemand, der etwas tut

Basen bestimmen

Kennst du den jeweiligen Exponenten sowie den Potenzwert, ist es möglich, die zugehörige Basis herauszufinden. Die Basis gilt es, anhand des jeweiligen Exponenten und Potenzwertes durch gezieltes Überlegen und Probieren des Zahleneinsatzes zu ermitteln.

Drei Beispiele:

$\mathbf{4}^{3} = 64$	$4 \cdot 4 \cdot 4$ ergibt 64.	Also ist 4 die Basis.
$\mathbf{3}^{4} = 81$	$3 \cdot 3 \cdot 3 \cdot 3$ ergibt 81.	Also ist 3 die Basis. Die Basis kann aber auch −3 sein, denn $(-3) \cdot (-3) \cdot (-3) \cdot (-3)$ ergibt ebenfalls 81. Wir wissen: Minus • Minus = Plus; Plus • Minus = Minus; Minus • Minus = Plus.
$\mathbf{-5}^{3} = -125$	$(-5) \cdot (-5) \cdot (-5)$ ergibt −125.	Also ist −5 die Basis. Minus • Minus = Plus; Plus • Minus = Minus

Aufgaben:
Bestimme die Basen.

1. $\mathbf{(\pm 2)}^{2} = 4$
2. $\mathbf{(\pm 4)}^{2} = 16$
3. $\mathbf{(\pm 7)}^{2} = 49$
4. $\mathbf{(\pm 10)}^{2} = 100$
5. $\mathbf{(\pm 12)}^{2} = 144$
6. $\mathbf{6}^{3} = 216$
7. $\mathbf{3}^{5} = 243$
8. $\mathbf{(\pm 5)}^{4} = 625$
9. $\mathbf{9}^{3} = 729$
10. $\mathbf{10}^{3} = 1000$
11. $\left(\pm \frac{9}{2}\right)^{2} = \frac{1}{4}$
12. $\left(\pm \frac{3}{4}\right)^{2} = \frac{9}{16}$
13. $\mathbf{(\pm 1,5)}^{2} = 2,25$
14. $\mathbf{(\pm 2,5)}^{2} = 6,25$
15. $\mathbf{(-1)}^{3} = -1$
16. $\mathbf{(-3)}^{3} = -27$
17. $\mathbf{(-2)}^{5} = -32$
18. $\left(-\frac{1}{2}\right)^{3} = -\frac{1}{8}$
19. $\mathbf{(-0,2)}^{3} = -0,008$
20. $\mathbf{(-0,5)}^{3} = -0,125$

Zeichen einsetzen (>, <, =)

Erklärung der Zeichen:
> bedeutet „größer als"; < bedeutet „kleiner als"; = bedeutet „ist gleich"

Drei Beispiele mit Potenzen:
$3^2 > 2^3$ denn: $3^2 = 3 \cdot 3 = 9$; $2^3 = 2 \cdot 2 \cdot 2 = 8$
$2^2 < 5^1$ denn: $2^2 = 2 \cdot 2 = 4$; $5^1 = 5$
$4^2 = 2^4$ denn: $4^2 = 4 \cdot 4 = 16$; $2^4 = 2 \cdot 2 \cdot 2 \cdot 2 = 16$

Aufgaben:
>, < oder =?
Setze anschließend zwischen den jeweils zwei Potenzen das richtige Zeichen ein.

1. 2^1 **>** 1^2 — **denn $2 > 1$**
2. 5^2 **<** 3^3 — **denn $25 < 27$**
3. 4^3 **=** 8^2 — **denn $64 = 64$**
4. 6^2 **>** 2^5 — **denn $36 > 32$**
5. 3^4 **=** 9^2 — **denn $81 = 81$**
6. 11^2 **<** 5^3 — **denn $121 < 125$**
7. 6^3 **<** 15^2 — **denn $216 < 225$**
8. 18^2 **<** 7^3 — **denn $324 < 343$**
9. 3^5 **<** 16^2 — **denn $243 < 256$**
10. 16^2 **=** 2^8 — **denn $256 = 256$**
11. $(\frac{1}{2})^2$ **>** $(\frac{1}{3})^3$ — **denn $\frac{1}{4} > \frac{1}{27}$**
12. $(\frac{1}{2})^4$ **=** $(\frac{1}{4})^2$ — **denn $\frac{1}{16} = \frac{1}{16}$**
13. $(\frac{1}{4})^3$ **=** $(\frac{1}{8})^2$ — **denn $\frac{1}{64} = \frac{1}{64}$**
14. $(\frac{1}{6})^2$ **<** $(\frac{1}{5})^2$ — **denn $\frac{1}{36} < \frac{1}{25}$**
15. $(1\frac{1}{2})^2$ **=** $(1\frac{2}{4})^2$ — **denn $2\frac{1}{4} = 2\frac{1}{4}$**
16. $(-4)^2$ **<** $(-5)^2$ — **denn $16 < 25$**
17. $(-3)^2$ **>** $(-4)^3$ — **denn $9 > -64$**
18. $(-0,1)^2$ **<** $(-0,1)^3$ — **denn $-0,01 < 0,001$**
19. $(-0,2)^1$ **<** $(-0,2)^2$ — **denn $-0,2 < 0,04$**
20. $(-0,2)^3$ **>** $(-0,4)^3$ — **denn $-0,008 > -0,16$**

14

Potenzwerte in Potenzen umwandeln

Aus Potenzen lassen sich Potenzwerte berechnen, auch das Gegenteil ist möglich.
Beispiele: $27 = 3^3$; $36 = (\pm 6)^2$; $-64 = (-4)^3$

Aufgaben:
Schreibe nachfolgende Potenzwerte als Potenzen, ohne dabei den Exponenten 1 zu verwenden.

1. $9 =$ **3^2**
2. $32 =$ **2^5**
3. $81 =$ **9^2**
4. $125 =$ **5^3**
5. $128 =$ **2^7**
6. $144 =$ **12^2**
7. $\frac{1}{4} =$ **$(\frac{1}{2})^2$**
8. $\frac{9}{16} =$ **$(\frac{3}{4})^2$**
9. $\frac{8}{27} =$ **$(\frac{2}{3})^3$**
10. $0,04 =$ **$0,2^2$**
11. $0,125 =$ **$0,5^3$**
12. $2,25 =$ **$1,5^2$**
13. $-64 =$ **$(-4)^3$**
14. $-128 =$ **$(-2)^7$**
15. $-343 =$ **$(-7)^3$**
16. $-1000 =$ **$(-10)^3$**
17. $-\frac{1}{8} =$ **$(-\frac{1}{2})^3$**
18. $-\frac{1}{64} =$ **$(-\frac{1}{4})^3$**
19. $-0,001 =$ **$(-0,1)^3$**
20. $-0,027 =$ **$(-0,3)^3$**

 15

Potenzen mit ganzzahligen negativen Exponenten

Es gibt auch Potenzen mit negativen Zahlen als Exponenten. Aus einer Potenz mit einem negativen Exponenten wird ein Bruch. Der Zähler dieses Bruches wird 1. Der Nenner des Bruches wird dieselbe Potenz mit dem positiven Exponenten.

Mit anderen Worten gesagt: Die Potenz mit negativem Exponenten ist eine andere Schreibweise für den Kehrwert der Potenz mit positivem Exponenten.

Vier Beispiele:

$2^{-2} = \frac{1}{2^2} = \frac{1}{4}$

$(-4)^{-3} = \frac{1}{(-4)^3} = \frac{1}{-64} = \frac{1}{64}$

$3^{-3} = \frac{1}{3^3} = \frac{1}{27}$

$\left(\frac{1}{3}\right)^{-2} = \frac{1}{\left(\frac{1}{2}\right)^2} = \frac{1}{\frac{1}{4}} = 1 \cdot \frac{4}{1} = 4$

Dividiert wird, indem mit dem Kehrwert multipliziert wird.

Aufgaben:
Berechne die Potenzwerte.

1. $5^{-2} = \frac{1}{5^2} = \frac{1}{25}$
2. $2^{-3} = \frac{1}{2^3} = \frac{1}{8}$
3. $2^{-5} = \frac{1}{2^5} = \frac{1}{32}$
4. $3^{-4} = \frac{1}{3^4} = \frac{1}{81}$
5. $6^{-3} = \frac{1}{6^3} = \frac{1}{216}$
6. $(-2)^{-4} = \frac{1}{2^4} = \frac{1}{16}$
7. $(-3)^{-3} = \frac{1}{(-3)^3} = \frac{1}{27}$
8. $\left(\frac{1}{3}\right)^{-2} = \frac{1}{\left(\frac{1}{3}\right)^2} = \frac{1}{\frac{1}{3}} = 1 \cdot \frac{3}{1} = 3$
9. $\left(\frac{1}{2}\right)^{-3} = \frac{1}{\left(\frac{1}{2}\right)^3} = \frac{1}{\frac{1}{8}} = 1 \cdot \frac{8}{1} = 8$
10. $\left(\frac{3}{4}\right)^{-3} = \frac{1}{\left(\frac{3}{4}\right)^3} = \frac{1}{\frac{27}{64}} = 1 \cdot \frac{64}{27} = \frac{64}{27} = 2\frac{10}{27}$

16 © PERSEN Verlag

Addition und Subtraktion von Potenzen

Potenzen dürfen nur dann sogleich durch Addition (+) oder Subtraktion (–) zusammengefasst werden, wenn ihre Basen und Exponenten jeweils gleich sind.

Beispiele:

$4^2 + 4^2 = 2 \cdot 4^2 = 2 \cdot 16 = 32$

$2 \cdot 3^2 + 3 \cdot 3^2 = 5 \cdot 3^2 = 5 \cdot 9 = 45$

$3 \cdot 3^3 - 3^3 = 2 \cdot 3^3 = 2 \cdot 27 = 54$

Sind die Basen und Exponenten der Potenzen nicht jeweils gleich, müssen die Potenzwerte (der Potenzen) erst einzeln berechnet werden. Dann dürfen die Potenzwerte addiert bzw. subtrahiert werden.

Beispiele:

$4^3 + 3^2 = 64 + 9 = 73$

$9^2 + 3^3 + 2^2 = 81 + 27 + 4 = 112$

$12^2 - 5^3 - 2^3 = 144 - 125 - 8 = 11$

Aufgaben:
Addiere bzw. subtrahiere.

1. $2^4 + 4^2 =$ **16 + 16 = 32**
2. $5^2 + 2^5 =$ **25 + 32 = 57**
3. $3^4 + 4^3 =$ **81 + 64 = 145**
4. $6^2 + 5^3 - 7^2 =$ **36 + 125 – 49 = 112**
5. $6^3 - 4^4 + 2^6 =$ **216 – 256 + 64 = 24**
6. $(-7)^3 + 3^5 + 10^2 =$ **–343 + 243 + 100 = 0**
7. $(-9)^2 - 2^7 + 3^3 =$ **81 – 128 + 27 = –20**
8. $3^5 - 2{,}5^2 + 1{,}5^2 =$ **243 – 6,25 + 2,25 = 239**
9. $0{,}3^1 + 0{,}2^2 - 0{,}1^3 =$ **0,3 + 0,04 – 0,001 = 0,339**
10. $\left(\frac{1}{4}\right)^1 - \left(\frac{1}{4}\right)^2 + \left(\frac{1}{2}\right)^3 = \frac{1}{4} - \frac{1}{16} + \frac{1}{8} = \frac{4}{16} - \frac{1}{16} + \frac{2}{16} = \frac{5}{16}$

© PERSEN Verlag 17

Multiplikation von jeweils zwei Potenzen mit gleicher Basis bzw. gleichem Exponenten

Wenn jeweils zwei Potenzen mit gleicher Basis bzw. gleichem Exponenten gegeben sind, lässt sich die Multiplikation der beiden Potenzen verkürzen.

Zwei Potenzen mit gleicher Basis:
Man multipliziert zwei Potenzen, die die gleiche Basis haben, miteinander, indem man die beiden Exponenten addiert (+) und die gemeinsame Basis beibehält.

Beispiele:
$2^1 \cdot 2^2 = 2^3 = 8$
$3^2 \cdot 3^3 = 3^5 = 243$

Zwei Potenzen mit gleichem Exponenten:
Man multipliziert zwei Potenzen, die den gleichen Exponenten haben, miteinander, indem man die beiden Basen malnimmt und den gemeinsamen Exponenten beibehält.

Beispiele:
$2^3 \cdot 3^3 = 6^3 = 216$
$4^2 \cdot 5^2 = 20^2 = 400$

Aufgaben:
Wende die beiden oben genannten Potenzregeln bei den folgenden Aufgaben an und berechne die Potenzwerte.

1. $3^1 \cdot 3^2 =$ **$3^3 = 27$**
2. $2^3 \cdot 2^4 =$ **$2^7 = 128$**
3. $4^2 \cdot 4^2 =$ **$4^4 = 256$**
4. $5^3 \cdot 5^2 =$ **$5^5 = 3125$**
5. $6^2 \cdot 6^4 =$ **$6^6 = 46\,656$**
6. $2^2 \cdot 3^2 =$ **$6^2 = 36$**
7. $3^3 \cdot 4^3 =$ **$12^3 = 1728$**
8. $6^2 \cdot 8^2 =$ **$48^2 = 2\,304$**
9. $\left(\frac{1}{3}\right)^2 \cdot \left(\frac{2}{3}\right)^2 =$ **$\left(\frac{2}{9}\right)^2 = \frac{41}{81}$**
10. $\left(\frac{1}{2}\right)^3 \cdot \left(\frac{1}{4}\right)^3 =$ **$\left(\frac{1}{8}\right)^3 = \frac{1}{512}$**

Division von jeweils zwei Potenzen mit gleicher Basis bzw. gleichem Exponenten

Sind jeweils zwei Potenzen mit gleicher Basis bzw. gleichem Exponenten gegeben, lässt sich auch die Division der beiden Potenzen verkürzen.

Zwei Potenzen mit gleicher Basis:
Zwei Potenzen mit gleicher Basis werden durcheinander dividiert, indem man vom ersten Exponenten den zweiten Exponenten subtrahiert und die gemeinsame Basis beibehält.

Beispiele:
$2^6 : 2^4 = 2^2 = 4$
$6^5 : 6^4 = 6^1 = 6$
$7^2 : 7^2 = 7^0 = 1$*

Zwei Potenzen mit gleichen Exponenten:
Zwei Potenzen mit gleichen Exponenten werden durcheinander dividiert, indem man die erste Basis durch die zweite Basis teilt und den gemeinsamen Exponenten beibehält.

Beispiele:
$6^2 : 2^2 = 3^2 = 9$
$12^3 : 3^3 = 4^3 = 64$

Aufgaben:
Wende die beiden oben genannten Potenzregeln bei folgenden Aufgaben an und berechne die Potenzwerte.

1. $3^3 : 3^2 =$ **$3^1 = 3$**
2. $4^5 : 4^3 =$ **$4^2 = 16$**
3. $5^6 : 5^3 =$ **$5^3 = 125$**
4. $8^4 : 8^1 =$ **$8^3 = 512$**
5. $9^7 : 9^7 =$ **1**
6. $8^2 : 2^2 =$ **$4^2 = 16$**
7. $10^5 : 5^5 =$ **$2^5 = 32$**
8. $12^4 : 4^4 =$ **$3^5 = 243$**
9. $18^3 : 3^3 =$ **$6^3 = 216$**
10. $18^2 : 4^2 =$ **20,25**

* Festgelegt ist: Alle Potenzen mit dem Exponenten 0 haben den Potenzwert 1. Also $1^0 = 1$; $2^0 = 1$; $3^0 = 1$ …

Potenz-, Klammer-, Punkt- und Strichrechnung

Die Potenzrechnung gehört zu den sogenannten höheren Rechenarten. Sie hat Vorrang vor den Grundrechenarten Addition (+), Subtraktion (−), Multiplikation (•) und Division (:). Demnach muss in gemischten Aufgaben die Potenzrechnung zuerst durchgeführt werden, erst später die Grundrechenarten.

Im Übrigen gilt der Merkspruch: Punkt vor Strich, die Klammer (aber) sagt: „Zuerst komme ich." Was in der Klammer steht, wird folglich zuerst ausgerechnet, erst danach das, was außerhalb steht. Die Punktrechnung (= Multiplikation, Division) ist vor der Strichrechnung (= Addition, Subtraktion) an der Reihe.

Zwei Beispiele:
$5 + 3^2 + 8 \cdot (9 - 6) = 5 + 9 + 8 \cdot 3 = 5 + 9 + 24 = 38$
$(4 + 3)^2 - 35 : 7 + 4 - 8 = 7^2 - 5 - 4 = 49 - 9 = 40$

Aufgaben:
Berechne.

1. $8 + 5^2 - 6 \cdot (4 - 2) =$
   $8 + 25 - 6 \cdot 2 = 33 - 12 = 21$
2. $(2 + 4)^2 - 18 : 6 + 3 \cdot 4 =$
   $6^2 - 3 + 12 = 36 - 3 + 12 = 45$
3. $6 \cdot (9 - 5) + 3^3 - 2^3 =$
   $6 : 4 + 27 - 8 = 24 + 27 - 8 = 43$
4. $48 : 8 + 4^3 - 25 + 2^4 =$
   $6 + 64 - 25 + 16 = 61$
5. $5^3 - 3 \cdot (5 + 4) - 4 \cdot 7 =$
   $125 - 3 \cdot 9 - 28 = 125 - 27 - 28 = 70$
6. $(-6)^2 - 9 \cdot (3 + 5) - 56 : 7 + 8^2 =$
   $36 - 9 \cdot 8 - 8 + 64 = 36 - 72 - 8 + 64 = 20$
7. $63 : (12 - 5) + 5 \cdot (13 - 9)^2 - 1^5 + 5^1 =$
   $63 : 7 + 5 \cdot 4^2 - 1 + 5 = 9 - 80 + 4 = -67$
8. $(5 - 7)^6 + 3 \cdot (14 - 8) + 3^4 =$
   $(-2)^6 + 3 \cdot 6 + 81 = 64 + 18 + 81 = 163$
9. $(-4)^3 + 84 : 7 + 5 \cdot 8 - (7 - 4)^3 =$
   $-64 + 12 + 40 - 3^3 = -64 + 12 + 40 - 27 = 52 - 91 = -39$
10. $5 \cdot (2 - 8)^2 - 6^3 + 9^2 - 18 : 6 =$
   $5 \cdot (-6)^2 - 216 + 81 - 3 = 5 \cdot 36 - 216 + 81 - 3 = 180 - 216 + 81 - 3 = 42$

Zehnerpotenzen • 1

Zehnerpotenzen sind eine verkürzte Schreibweise für das mehrfache Multiplizieren der Zahl 10. Sie haben also als Basis (= Grundzahl) die Zahl 10. Auf Zehnerpotenzen stößt man vor allem in den Wissenschaften und in der Technik. Zum Beispiel werden sehr große Entfernungen im Weltraum als Zehnerpotenzen angegeben.

Beispiele für Zehnerpotenzen:
$10^1 = 10$
$10^4 = 10 \cdot 10 \cdot 10 \cdot 10 = 10\,000$
$10^7 = 10 \cdot 10 \cdot 10 \cdot 10 \cdot 10 \cdot 10 \cdot 10 = 10\,000\,000$

Aufgaben:
Berechne die Potenzwerte.

1. $10^2 =$ **$10 \cdot 10 = 100$**
2. $10^3 =$ **$10 \cdot 10 \cdot 10 = 1\,000$**
3. $10^6 =$ **$10 \cdot 10 \cdot 10 \cdot 10 \cdot 10 \cdot 10 = 1\,000\,000$**
4. $10^8 =$ **$10 \cdot 10 \cdot 10 \cdot 10 \cdot 10 \cdot 10 \cdot 10 \cdot 10 = 100\,000\,000$**
5. $10^{12} =$ **$10 \cdot 10 \cdot 10 \cdot 10 \cdot 10 \cdot 10 \cdot 10 \cdot 10 \cdot 10 \cdot 10 \cdot 10 \cdot 10 = 1\,000\,000\,000\,000$**

Die Zahl 420 000 z. B. kann als Zehnerpotenz so geschrieben werden:

$4{,}2 \cdot 10^5$ denn $4{,}2 \cdot 100\,000 = 420\,000$
oder
$42 \cdot 10^4$ denn $42 \cdot 10\,000 = 420\,000$

Aufgaben:
Schreibe folgende Zahlen mithilfe von Zehnerpotenzen.

6. 5 000 = **$5 \cdot 10^3$**
7. 24 000 = **$2{,}4 \cdot 10^4$**
8. 7 680 000 = **$7{,}68 \cdot 10^6$**
9. 83 150 000 = **$8{,}315 \cdot 10^7$**
10. 3 486 200 000 = **$3{,}486 \cdot 10^9$**

Zehnerpotenzen • 2

Auch sehr kleine Zahlen werden des Öfteren als Zehnerpotenzen mit negativen Exponenten (= Hochzahlen) wiedergegeben. Diese können z. B. Angaben über die Größe von winzigen Lebewesen oder atomaren Teilchen sein.

Es gelten:

$10^{-1} = \frac{1}{10^1} = \frac{1}{10} = 0{,}1$

$10^{-2} = \frac{1}{10^2} = \frac{1}{100} = 0{,}01$

$10^{-3} = \frac{1}{10^3} = \frac{1}{1000} = 0{,}001$

$10^{-4} = \frac{1}{10^4} = \frac{1}{10\,000} = 0{,}0001$

Zwei Beispiele:
Die Zahl 0,0073 kann als Zehnerpotent u. a. so ausgedrückt werden: $7{,}3 \cdot 10^{-3}$ oder $73 \cdot 10^{-4}$.
Die Zahl 0,00055 kann als Zehnerpotenz u. a. so ausgedrückt werden: $5{,}5 \cdot 10^{-4}$ oder $55 \cdot 10^{-5}$.

Aufgaben:
Schreibe die anschließend genannten Zahlen als Zehnerpotenzen.

1. 0,4 = **$4 \cdot 10^{-1}$**
2. 0,15 = **$1{,}5 \cdot 10^{-1}$**
3. 0,08 = **$8 \cdot 10^{-2}$**
4. 0,009 = **$9 \cdot 10^{-3}$**
5. 0,0032 = **$3{,}2 \cdot 10^{-3}$**
6. 0,00065 = **$6{,}5 \cdot 10^{-4}$**
7. 0,000321 = **$3{,}21 \cdot 10^{-4}$**
8. 0,000049 = **$4{,}9 \cdot 10^{-5}$**
9. 0,00000521 = **$5{,}21 \cdot 10^{-6}$**
10. 0,000000084 = **$8{,}4 \cdot 10^{-8}$**

22

Textaufgaben • 1

1. In einem Teich befindet sich eine blühende Seerose. An jedem folgenden Tag verdoppelt sich die Anzahl der blühenden Seerosen. Wie viele Seerosen blühen am 4. Tag?

Rechnung: $2^3 = 8$

Antwortsatz: **Am 4. Tag blühen 8 Seerosen.**

2. Du faltest ein großes, rechtwinkliges Blatt Papier viermal nacheinander jeweils in der Mitte. Wie viele Lagen Papier liegen schließlich übereinander?

Rechnung: $2^4 = 16$

Antwortsatz: **16 Lagen Papier liegen schließlich übereinander.**

3. Wie viele leibliche Vorfahren hat jede Person bis drei Generationen zurückgerechnet?

Rechnung: $2^1 + 2^2 + 2^3 = 2 + 4 + 8 = 14$

Antwortsatz: **Jede Person hat bis 3 Generationen zurückgerechnet 14 leibliche Vorfahren.**

4. Ein Glücksspieler setzt im ersten Spiel zwei Euro ein. Danach verdreifacht er seinen Einsatz von Spiel zu Spiel. Wie viel Geld setzt der Glücksspieler im 5. Spiel ein?

Rechnung: $2 \cdot 3^4 = 2 \cdot 81 = 162$

Antwortsatz: **Im 5. Spiel setzt der Glücksspieler 162 Euro ein.**

5. Unter günstigen Bedingungen vermehren sich Bakterien sehr schnell. Angenommen: Acht Bakterien sind vorhanden. Sie vermehren sich durch Zweiteilung alle 30 Minuten. Wie viele Bakterien gibt es nach $1\frac{1}{2}$ Stunden?

Rechnung: $8^3 = 4096$

Antwortsatz: **Nach $1\frac{1}{2}$ Stunden gibt es 4 096 Bakterien.**

 23

Textaufgaben • 2

6. Die Seitenlängen einer quadratischen Rasenfläche betragen jeweils 4,5 m. Welche Flächengröße hat der Rasen?

Rechnung:
$A = a^2$
$A = 4,5\,m \cdot 4,5\,m$
$A = 20,25\,m^2$

Antwortsatz: Der Rasen hat eine Flächengröße von 20,25 m².

7. Ein Straßenverkehrskreis (Kreisel) hat einen Radius von 15 m. Welche Fläche nimmt der Kreisel ein?

Rechnung:
$A = \pi \cdot r^2$
$A \approx 3,14 \cdot 15\,m \cdot 15\,m$
$A \approx 3,14 \cdot 225\,m^2$
$A \approx 706,5\,m^2$

Antwortsatz: Die Fläche des Kreisels beträgt 706,5 m².

8. Die Kanten eines würfelförmigen Behälters sind 2,5 m lang. Wie groß ist der Rauminhalt des Behälters?

Rechnung:
$V = a^3$
$V = 2,5\,m \cdot 2,5\,m \cdot 2,5\,m$
$V = 15,625\,m^3$

Antwortsatz: Der Behälter hat einen Rauminhalt von 15,625 m³.

9. Wie viele m³ fasst ein Zylinder mit einem Radius von 1,5 m und einer Höhe von 2 m?

Rechnung:
$V = \pi \cdot r^2 \cdot h$
$V \approx 3,14 \cdot 1,5\,m \cdot 1,5\,m \cdot 2$
$V \approx 3,14 \cdot 4,5$
$V \approx 14,13\,m^3$

Antwortsatz: Der Zylinder fasst ca. 14,13 m³.

10. Welches Volumen besitzt eine Kugel mit einem Radius von 2 m?

Rechnung:
$V = \frac{4}{3}\pi \cdot r^3$
$V \approx \frac{4}{3} \cdot 3,14 \cdot 2\,m \cdot 2\,m$
$V \approx \frac{4}{3} \cdot 3,14 \cdot 8\,m^3$
$V \approx 33,49\,m^3$

Antwortsatz: Die Kugel besitzt ein Volumen von ungefähr 33,49 m³.

24

Textaufgaben • 3

11. Der Body-Mass-Index (BMI) ist eine Maßzahl zur Bewertung des menschlichen Körpergewichts. Diese Maßzahl wird so berechnet: Körpergewicht (in kg) dividiert durch die Körpergröße (in m)². Als Normalgewicht wird bei Männern ein BMI von 20–25 kg/m² angesehen, als Übergewicht ein BMI von mehr als 25 kg/m². Welchen Body-Mass-Index hat ein 1,87 m großer Mann, der 85 kg wiegt?

Rechnung:
$BMI = \frac{85\,kg}{(1,87\,m)^2} = \frac{85\,kg}{3,4968\,m^2} \approx 24,31\,kg/m^2$

Antwortsatz: Der Mann hat einen Body-Mass-Index von ca. 24,31 kg/m².

12. Computer arbeiten gewöhnlich mit dem Binärsystem (= Zweiersystem). 1 Bit kann zwei verschiedene Dinge darstellen. Wie viele verschiedene Dinge können 8 Bits (= 1 Byte) darstellen?

Rechnung:
$2^8 = 2 \cdot 2 \cdot 2 \cdot 2 \cdot 2 \cdot 2 \cdot 2 \cdot 2 = 256$

Antwortsatz: 8 Bits (= 1 Byte) können 256 verschiedene Dinge darstellen.

13. Ein Großvater besucht für fünf Tage seinen Enkel. Am ersten Tag schenkt der Großvater seinem Enkel zwei Euro. An den folgenden Tagen erhöht der Großvater seine Schenkungen jeweils um das Doppelte des vorherigen Tages. Wie viel Geld bekam der Enkel an den fünf Tagen insgesamt vom Großvater geschenkt?

Rechnung:
$2^1 + 2^2 + 2^3 + 2^4 + 2^5 = 2 + 4 + 8 + 16 + 32 = 62$

Antwortsatz: Der Enkel bekam an den fünf Tagen 62 Euro geschenkt.

14. Aus einer Tabelle ist zu entnehmen: Die Entfernung zwischen der Erde und der Sonne beträgt ca. 149,6 • 10⁶ km. Wie viele km sind dies nicht als Potenz ausgedrückt, sondern als reine Zahl?

Rechnung:
$149,6 \cdot 10^6 = 149,6 \cdot 1000000$
$= 149600000\,km$

Antwortsatz: Als reine Zahl sind es 149 600 000 km.

15. Angenommen: Das Kopfhaar des Menschen wächst jeden Tag um $3 \cdot 10^{-3}$ m. Wie viele cm wächst das Kopfhaar des Menschen unter dieser Bedingung in 30 Tagen?

Rechnung:
$3 \cdot 10^{-3} = \frac{3}{10^3} = 0,003\,m = 0,3\,mm$
$3\,mm \cdot 30 = 90\,mm = 0,9\,cm$

Antwortsatz: Unter der genannten Bedingung wächst das Haar in 30 Tagen 0,9 cm.

26

Textaufgaben • 4

16. Eine junge Frau zahlt für ihre Wohnung monatlich 500 Euro Miete. Die Frau geht davon aus, dass die Miete von Jahr zu Jahr jeweils um 5 % erhöht wird. Wie viel Euro beträgt demnach die monatliche Miete nach zwei Jahren?

Rechnung: $500 \cdot 1{,}05^2 = 500 \cdot 1{,}1025 = 551{,}25$ Euro

Antwortsatz: Demnach beträgt die monatliche Miete nach zwei Jahren 551,25 Euro.

17. Ein Mann hat sich ein neues Auto zu einem Preis von 16 000 Euro gekauft. Welchen Wert hat das Auto nach drei Jahren, wenn der Wertverlust jährlich 20 % beträgt?

Rechnung: $16000 \cdot 0{,}8^3 = 16000 \cdot 0{,}512 = 8192$ Euro

Antwortsatz: Das Auto hat nach drei Jahren einen Wert von 8 192 Euro.

18. Im Dorf A wohnen zurzeit 1 200 Menschen. Der Bürgermeister rechnet zukünftig mit einer Abnahme der Einwohnerzahl von jährlich 2 %. Wie viele Menschen wohnen gemäß der Rechnung des Bürgermeisters nach vier Jahren noch im Dorf A?

Rechnung: $1200 \cdot 0{,}98^4 = 1200 \cdot 0{,}92236816 \approx 1106{,}84$

Antwortsatz: Nach vier Jahren wohnen noch etwa 1 107 Personen im Dorf A.

19. Die Stadt B hat derzeit 63 000 Einwohner. Die Stadtplaner gehen für die nächsten fünf Jahre von einem Bevölkerungswachstum der Stadt B in der Höhe von 3 % aus. Wie viele Einwohner hat die Stadt B nach dieser Kalkulation in fünf Jahren?

Rechnung: $63000 \cdot 1{,}03^5 = 63000 \cdot 1{,}159274$
$= 73034{,}26$

Antwortsatz: In fünf Jahren hat die Stadt B etwa 73 034 Einwohner.

20. Ein Kapital von 20 000 Euro ist bei einer Bank für sechs Jahre angelegt. Auf welchen Betrag ist das Kapital bei einem Zinssatz von jährlich 1,5 % nach sechs Jahren angewachsen?

Rechnung: $20000 \cdot 1{,}015^6 = 20000 \cdot 1{,}093443$
$= 21868{,}86$

Antwortsatz: Das Kapital ist nach sechs Jahren auf 21 868,86 Euro angewachsen.

Wurzeln – Was sind das? • 1

In der Mathematik sind Wurzeln die Umkehrung (= das Gegenteil) von Potenzen. Wurzeln werden gezogen, mit einem anderen Wort gesagt: radiziert. Radizieren ist das Fachwort, das ursprünglich aus der lateinischen Sprache kommt: radix (lat.) = Wurzel, Boden, fester Grund.

Beispiele für das Ziehen von Wurzeln:

$\sqrt{36} = \pm 6$ Man spricht: „(Die zweite) Wurzel aus 36 ist ± 6." Auch lässt sich sagen: „(Die) Quadratwurzel aus 36 ist ± 6." → $6 \cdot 6 = 36$, auch $(-6) \cdot (-6) = 36$. Gewöhnlich wird geschrieben $\sqrt{\ldots}$ statt $\sqrt[2]{\ }$. Als Potenz würde es heißen: $6^2 = 36$.

$\sqrt[3]{64} = 4$ Man spricht: „(Die) dritte Wurzel aus 64 ist 4." Auch lässt sich sagen: „(Die) Kubikwurzel aus 64 ist 4." → denn $4 \cdot 4 \cdot 4 = 64$. Als Potenz würde es heißen: $4^3 = 64$.

$\sqrt[3]{x^3} = x$ Man spricht: „(Die) dritte Wurzel aus x^3 ist x." Auch lässt sich sagen: „(Die) Kubikwurzel aus x^3 ist x." → denn $x \cdot x \cdot x = x^3$. Als Potenz würde es heißen: x^3.
Hinweis: x ist eine Variable (= Platzhalter).

Als Radikand (= Wurzelgrundzahl) wird bezeichnet, was unter dem Wurzelzeichen steht, also woraus die Wurzel gezogen wird.

Die kleine Zahl links oberhalb des Wurzelzeichens nennt man Wurzelexponent (= Wurzelhochzahl). exponere (lat.) = herausstellen, heraussetzen

Steht links oberhalb des Wurzelzeichens keine Zahl, muss man sich hier eine Zwei denken (= zweite Wurzel, Quadratwurzel).

Das Ergebnis des jeweiligen Wurzelziehens ist der Wurzelwert. **Festgelegt wurde: Es dürfen nur Wurzeln aus Zahlen gezogen werden, die nicht negativ sind.**

Aufgaben:

1. Welcher Zusammenhang besteht in Mathematik zwischen Wurzeln und Potenzen?

   Wurzeln sind die Umkehrung (= Gegenteil) von Potenzen.

2. Was ist mit dem Verb radizieren gemeint?

   Mit dem Verb radizieren ist gemeint, Wurzeln zu ziehen.

3. Wie nennt man die zweite Wurzel sonst noch?

   Quadratwurzel

4. Wie heißt die dritte Wurzel sonst noch?

   Kubikwurzel

Wurzeln – Was sind das? • 2

5. Ein Radikand – Was ist das?

Ein Radikand ist eine Wurzelgrundzahl, d. h. eine Zahl unter dem Wurzelzeichen. Aus Radikanden werden Wurzeln gezogen.

6. Was bezeichnet man als Wurzelexponent?

Der Wurzelexponent ist die Wurzelzahl, er steht links oberhalb des Wurzelzeichens.

7. Was gilt es zu tun, wenn links oberhalb des Wurzelzeichens keine Zahl steht?

Es gilt, die Quadratwurzel (= 2. Wurzel) zu ziehen.

8. Erkläre, was ein Wurzelwert ist.

Der Wurzelwert ist das Ergebnis des Wurzelziehens.

9. Rechne aus und schreibe danach als Potenz.

$\sqrt{49}$ = **± 7 $(\pm 7)^2 = 49$**

10. Rechne aus und schreibe danach als Potenz.

$\sqrt[3]{125}$ = **5 $5^3 = 125$**

Hinweis: In den mathematischen Schulmaterialien geht es in der Regel zunächst nur um Wurzelwerte, die nicht negativ sind.

Quadratwurzeln (= zweite Wurzeln) • 1

Wenn es aus einer Zahl eine Quadratwurzel zu ziehen gilt, so heißt dies: Du musst eine Zahl herausfinden, die einmal mit sich selbst malgenommen die Zahl unter dem Wurzelzeichen (= Radikand, Wurzelgrundzahl) als Ergebnis hat.

Quadratwurzeln (= auch zweite Wurzeln genannt) haben immer einen positiven, aber auch einen negativen Wurzelwert. Sie besitzen einen positiven und negativen Wurzelwert, weil:

- Plus … • Plus … Plus … ergibt,
- ebenso Minus … • Minus … Plus … ergibt.

Beispiele für Quadratwurzeln:

$\sqrt{64} = \pm 8$
denn (+) 8 • (+) 8 = (+) 64
denn (–) 8 • (–) 8 = (+) 64

$\sqrt{144} = \pm 12$
denn (+) 12 • (+) 12 = (+) 144
denn (–) 12 • (–) 12 = (+) 144

$\sqrt{2{,}25} = \pm 1{,}5$
denn (+) 1,5 • (+) 1,5 = (+) 1,5
denn (–) 1,5 • (–) 1,5 = (+) 64

Aus einem Bruch wird eine Quadratwurzel gezogen, indem man getrennt voneinander jeweils aus dem Zähler und dem Nenner die Wurzel zieht.

Beispiele:

$\sqrt{\frac{4}{9}} = \pm \frac{2}{3}$
denn $(+)\frac{2}{3} \cdot (+)\frac{2}{3} = (+)\frac{4}{9}$
denn $(-)\frac{2}{3} \cdot (-)\frac{2}{3} = (+)\frac{4}{9}$

$\sqrt{\frac{1}{16}} = \pm \frac{1}{4}$
denn $(+)\frac{1}{4} \cdot (+)\frac{1}{4} = (+)\frac{1}{16}$
denn $(-)\frac{1}{4} \cdot (-)\frac{1}{4} = (+)\frac{1}{16}$

Aufgabe:
Schreibe in eigenen Sätzen auf, was du vom Inhalt dieser Seite verstanden hast.

individuelle Lösungen

Lösungen

Quadratwurzeln (= zweite Wurzeln) • 2

Aufgaben:
Rechne die Wurzelwerte aus.

1. $\sqrt{9}$ = **± 3**
2. $\sqrt{16}$ = **± 4**
3. $\sqrt{49}$ = **± 7**
4. $\sqrt{100}$ = **± 10**
5. $\sqrt{169}$ = **± 13**
6. $\sqrt{196}$ = **± 14**
7. $\sqrt{256}$ = **± 16**
8. $\sqrt{289}$ = **± 17**
9. $\sqrt{400}$ = **± 20**
10. $\sqrt{576}$ = **± 24**
11. $\sqrt{0,01}$ = **± 0,1**
12. $\sqrt{0,16}$ = **± 0,4**
13. $\sqrt{1,21}$ = **± 1,1**
14. $\sqrt{3,24}$ = **± 1,8**
15. $\sqrt{12,25}$ = **± 3,5**
16. $\sqrt{\frac{1}{4}}$ = $\pm \frac{1}{2}$
17. $\sqrt{\frac{1}{25}}$ = $\pm \frac{1}{5}$
18. $\sqrt{\frac{9}{16}}$ = $\pm \frac{3}{4}$
19. $\sqrt{\frac{25}{36}}$ = $\pm \frac{5}{6}$
20. $\sqrt{-\frac{49}{64}}$ = $\pm \frac{7}{8}$

Quadratwurzeln (Näherungswerte)

Die bei Weitem meisten Wurzelwerte sind keine natürlichen Zahlen, wie z. B. $\sqrt{3}$, $\sqrt{7}$ oder $\sqrt{13}$. Vielmehr lassen sich die Wurzelwerte nur ungefähr ermitteln. Es sind sogenannte Näherungswerte.

Beispiele:

$\sqrt{2} \approx \pm 1,41$ Der positive Wurzelwert liegt also zwischen den natürlichen Zahlen 1 und 2.
$\sqrt{70} \approx \pm 8,36$ Der positive Wurzelwert liegt also zwischen den natürlichen Zahlen 8 und 9.
$\sqrt{115} \approx \pm 10,72$ Der positive Wurzelwert liegt also zwischen den natürlichen Zahlen 10 und 11.

Aufgaben:
Rechne aus, zwischen welchen zwei natürlichen Zahlen der positive Wurzelwert liegt.

	Der positive Wurzelwert liegt zwischen den zwei natürlichen Zahlen:
1. $\sqrt{5}$	**2 und 3**
2. $\sqrt{20}$	**4 und 5**
3. $\sqrt{45}$	**6 und 7**
4. $\sqrt{90}$	**9 und 10**
5. $\sqrt{115}$	**10 und 11**
6. $\sqrt{150}$	**12 und 13**
7. $\sqrt{190}$	**13 und 14**
8. $\sqrt{240}$	**15 und 16**
9. $\sqrt{320}$	**17 und 18**
10. $\sqrt{415}$	**20 und 21**
11. $\sqrt{450}$	**21 und 22**
12. $\sqrt{530}$	**23 und 24**
13. $\sqrt{605}$	**24 und 25**
14. $\sqrt{750}$	**27 und 28**
15. $\sqrt{880}$	**29 und 30**

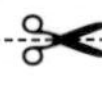

Kubikwurzeln (= dritte Wurzeln)

Eine Kubikwurzel aus einer Zahl zu ziehen, bedeutet: Es gilt, eine Zahl zu ermitteln, die zweimal mit sich selbst malgenommen als Ergebnis die Zahl hat, aus der die Kubikwurzel zu ziehen ist. Das mathematische Zeichen (= Symbol) für das Ziehen einer Kubikwurzel ist: $\sqrt[3]{\ldots}$

Beispiele:

$\sqrt[3]{8} = 2$ denn $2 \cdot 2 \cdot 2 = 8$

$\sqrt[3]{125} = 5$ denn $5 \cdot 5 \cdot 5 = 125$

$\sqrt[3]{1000} = 10$ denn $10 \cdot 10 \cdot 10 = 1\,000$

Hinweis: Bei Kubikwurzeln kann der Wurzelwert nicht negativ sein. Begründung: Minus … • Minus … ergibt Plus …; Plus … • Minus … ergibt Minus …, nicht Plus …

Kubikwurzeln lassen sich auch aus Dezimalzahlen und Brüchen ziehen.

Beispiele:

$\sqrt[3]{0{,}001} = 0{,}1$ denn $0{,}1 \cdot 0{,}1 \cdot 0{,}1 = 0{,}001$

$\sqrt[3]{3{,}375} = 1{,}5$ denn $1{,}5 \cdot 1{,}5 \cdot 1{,}5 = 3{,}375$

$\sqrt[3]{\frac{8}{27}} = \frac{2}{3}$ denn $\frac{2}{3} \cdot \frac{2}{3} \cdot \frac{2}{3} = \frac{8}{27}$

$\sqrt[3]{\frac{64}{125}} = \frac{4}{5}$ denn $\frac{4}{5} \cdot \frac{4}{5} \cdot \frac{4}{5} = \frac{64}{125}$

Aufgaben:
Berechne die Wurzelwerte.

1. $\sqrt[3]{1} =$ **1**	6. $\sqrt[3]{1728} =$ **12**	11. $\sqrt[3]{1{,}331} =$ **1,1**	16. $\sqrt[3]{\frac{8}{27}} =$ $\mathbf{\frac{2}{3}}$
2. $\sqrt[3]{64} =$ **4**	7. $\sqrt[3]{0{,}008} =$ **0,2**	12. $\sqrt[3]{5{,}832} =$ **1,8**	17. $\sqrt[3]{\frac{27}{64}} =$ $\mathbf{\frac{3}{4}}$
3. $\sqrt[3]{216} =$ **6**	8. $\sqrt[3]{0{,}027} =$ **0,3**	13. $\sqrt[3]{15{,}625} =$ **2,5**	18. $\sqrt[3]{\frac{125}{216}} =$ $\mathbf{\frac{5}{6}}$
4. $\sqrt[3]{343} =$ **7**	9. $\sqrt[3]{0{,}125} =$ **0,5**	14. $\sqrt[3]{42{,}875} =$ **3,5**	19. $\sqrt[3]{\frac{343}{512}} =$ $\mathbf{\frac{7}{8}}$
5. $\sqrt[3]{729} =$ **9**	10. $\sqrt[3]{0{,}512} =$ **0,8**	15. $\sqrt[3]{\frac{1}{64}} =$ $\mathbf{\frac{1}{4}}$	20. $\sqrt[3]{\frac{729}{1000}} =$ $\mathbf{\frac{9}{10}}$

Kubikwurzeln (Näherungswerte)

Die meisten Wurzelwerte aus Kubikwurzeln sind ebenfalls keine genauen Zahlen, sondern Näherungswerte (= ungefähre Werte).

Beispiele:

$\sqrt[3]{10} \approx 2{,}15$ Der Wurzelwert liegt also zwischen den natürlichen Zahlen 2 und 3.

$\sqrt[3]{90} \approx 4{,}48$ Der Wurzelwert liegt also zwischen den natürlichen Zahlen 4 und 5.

$\sqrt[3]{115} \approx 6{,}69$ Der Wurzelwert liegt also zwischen den natürlichen Zahlen 6 und 7.

Aufgaben:
Rechne aus, zwischen welchen zwei natürlichen Zahlen der Wurzelwert liegt.

	Der Wurzelwert liegt zwischen den zwei natürlichen Zahlen:
1. $\sqrt[3]{2}$	**1 und 2**
2. $\sqrt[3]{9}$	**2 und 3**
3. $\sqrt[3]{30}$	**3 und 4**
4. $\sqrt[3]{70}$	**4 und 5**
5. $\sqrt[3]{100}$	**4 und 5**
6. $\sqrt[3]{250}$	**6 und 7**
7. $\sqrt[3]{600}$	**8 und 9**
8. $\sqrt[3]{1200}$	**10 und 11**
9. $\sqrt[3]{2\,300}$	**13 und 14**
10. $\sqrt[3]{4\,200}$	**16 und 17**
11. $\sqrt[3]{7\,000}$	**19 und 20**
12. $\sqrt[3]{9\,000}$	**20 und 21**
13. $\sqrt[3]{12\,000}$	**22 und 23**
14. $\sqrt[3]{15\,000}$	**24 und 25**
15. $\sqrt[3]{20\,000}$	**27 und 28**

Radikanden bestimmen

Wenn der Wurzelexponent sowie der Wurzelwert gegeben sind, lässt sich der zugehörige Radikand bestimmen. Der Radikand ergibt sich, wenn du den Wurzelwert mit dem Wurzelexponenten potenzierst.

Beispiele:

$\sqrt{?} = 7$ $\quad 7^2 = 7 \cdot 7 = 49$ $\quad$ Radikand = 49

$\sqrt{?} = 13$ $\quad 13^2 = 13 \cdot 13 = 169$ $\quad$ Radikand = 169

$\sqrt[3]{?} = 6$ $\quad 6^3 = 6 \cdot 6 \cdot 6 = 216$ $\quad$ Radikand = 216

Wir beschränken uns auf die positiven Wurzelwerte.

Aufgaben:
Bestimme die jeweiligen Radikanden. Notiere die Radikanden unter den Wurzelzeichen.

1. $\sqrt{100} = 10$
2. $\sqrt{256} = 16$
3. $\sqrt{529} = 23$
4. $\sqrt[3]{64} = 4$
5. $\sqrt[3]{343} = 7$
6. $\sqrt[3]{729} = 9$
7. $\sqrt[4]{81} = 3$
8. $\sqrt[4]{256} = 4$
9. $\sqrt[4]{1296} = 6$
10. $\sqrt[3]{\frac{1}{27}} = \frac{1}{3}$
11. $\sqrt[3]{\frac{1}{8}} = \frac{1}{2}$
12. $\sqrt[3]{\frac{8}{27}} = \frac{2}{3}$
13. $\sqrt[3]{0{,}001} = 0{,}1$
14. $\sqrt[3]{0{,}027} = 0{,}3$
15. $\sqrt[3]{3{,}375} = 1{,}5$

Addition und Subtraktion von Wurzeln

Nur wenn Wurzeln in ihren Radikanden (= Wurzelgrundzahlen) und ihren Wurzelexponenten (= Wurzelhochzahlen) übereinstimmen, dürfen sie sofort addiert (+) oder subtrahiert (–) werden.

Beispiele:

$3 \cdot \sqrt{16} + 2 \cdot \sqrt{16} = 5 \cdot \sqrt{16} = 5 \cdot 4 = 20$

$4 \cdot \sqrt{25} - 3 \cdot \sqrt{25} = 1 \cdot \sqrt{25} = \sqrt{25} = 5$

$5 \cdot \sqrt[3]{8} + 2 \cdot \sqrt[3]{8} - 4 \cdot \sqrt[3]{8} = 3 \cdot \sqrt[3]{8} = 3 \cdot 2 = 6$

Wir beschränken uns auf die positiven Wurzelwerte.

Sofern die Wurzeln nicht in ihren Radikanden und ihren Wurzelexponenten übereinstimmen, werden erst einzeln die Wurzelwerte ausgerechnet. Anschließend darf man addieren bzw. subtrahieren.

Beispiele:

$\sqrt{9} + \sqrt[3]{8} = 3 + 2 = 5$

$\sqrt{100} + \sqrt{36} = 10 - 6 = 4$

$\sqrt{144} - \sqrt[3]{216} + \sqrt{196} = 12 - 6 + 14 = 20$

Wir beschränken uns auf die positiven Wurzelwerte.

Aufgaben:
Addiere bzw. subtrahiere. Verwende lediglich die positiven Wurzelwerte.

1. $2 \cdot \sqrt{49} + 3 \cdot \sqrt{49} + 4 \cdot \sqrt{49} =$ **$9 \cdot \sqrt{49} = 9 \cdot 7 = 63$**
2. $8 \cdot \sqrt[3]{64} - 2\sqrt[3]{64} - 2\sqrt[3]{64} =$ **$4 \cdot \sqrt[3]{64} = 4 \cdot 4 = 16$**
3. $\sqrt{81} + \sqrt{121} + \sqrt{169} =$ **$9 + 11 + 13 = 33$**
4. $\sqrt{225} + \sqrt[3]{27} + \sqrt[3]{125} =$ **$15 + 3 + 5 = 23$**
5. $\sqrt{289} - \sqrt[3]{343} + \sqrt{361} =$ **$17 - 7 + 19 = 29$**
6. $2 \cdot \sqrt{64} + 6 \cdot \sqrt{64} - 5 \cdot \sqrt[3]{512} =$ **$8 \cdot \sqrt{64} - 5 \cdot 8 = 64 - 40 = 24$**
7. $4 \cdot \sqrt[3]{125} + 5 \cdot \sqrt[3]{216} - \sqrt{324} =$ **$4 \cdot 5 + 5 \cdot 6 - 18 = 20 + 30 - 18 = 32$**
8. $6 \cdot \sqrt[3]{1000} - 3 \cdot \sqrt{400} + 4 \cdot \sqrt[3]{729} =$ **$6 \cdot 10 - 3 \cdot 20 + 4 \cdot 9 = 60 - 60 + 36 = 36$**
9. $\sqrt{625} - \sqrt[3]{1331} - \sqrt[3]{2197} =$ **$25 - 11 - 13 = 1$**
10. $5 \cdot \sqrt{576} - 3 \cdot \sqrt[3]{1728} - 2 \cdot \sqrt[3]{2744} =$ **$5 \cdot 24 - 3 \cdot 12 - 2 \cdot 14 = 120 - 36 - 28 = 56$**

Multiplikation und Division von jeweils zwei Wurzeln mit gleichem Exponenten

Wurzeln mit gleichem Exponenten heißen gleichnamige Wurzeln.

Gleichnamige Wurzeln werden multipliziert, indem man die Radikanden malnimmt und danach aus dem Ergebnis die Wurzel zieht.

Beispiele:

$\sqrt{5} \cdot \sqrt{20} = \sqrt{5 \cdot 20} = \sqrt{100} = 10$

$\sqrt{6} \cdot \sqrt{24} = \sqrt{6 \cdot 24} = \sqrt{144} = 12$

Wir beschränken uns auf die positiven Wurzelwerte.

$\sqrt[3]{3} \cdot \sqrt[3]{9} = \sqrt[3]{3 \cdot 9} = \sqrt[3]{27} = 3$

Gleichnamige Wurzeln werden dividiert, indem man die Radikanden teilt und danach aus dem Ergebnis die Wurzel zieht.

Beispiele:

$\sqrt{32} : \sqrt{8} = \sqrt{32 : 8} = \sqrt{4} = 2$

$\sqrt{162} : \sqrt{2} = \sqrt{162 : 2} = \sqrt{81} = 9$

Wir beschränken uns auf die positiven Wurzelwerte.

$\sqrt[3]{192} : \sqrt[3]{3} = \sqrt[3]{192 : 3} = \sqrt[3]{64} = 4$

Aufgaben:
Rechne die positiven Wurzelwerte aus.

1. $\sqrt{27} \cdot \sqrt{3} =$ **$\sqrt{27 \cdot 3} = \sqrt{81} = 9$**
2. $\sqrt{45} \cdot \sqrt{5} =$ **$\sqrt{45 \cdot 5} = \sqrt{225} = 15$**
3. $\sqrt{54} \cdot \sqrt{6} =$ **$\sqrt{54 \cdot 6} = \sqrt{324} = 18$**
4. $\sqrt{147} : \sqrt{3} =$ **$\sqrt{147 : 3} = \sqrt{49} = 7$**
5. $\sqrt{320} : \sqrt{5} =$ **$\sqrt{320 : 5} = \sqrt{64} = 8$**
6. $\sqrt[3]{16} \cdot \sqrt[3]{4} =$ **$\sqrt[3]{16 \cdot 4} = \sqrt[3]{64} = 4$**
7. $\sqrt[3]{25} \cdot \sqrt[3]{5} =$ **$\sqrt[3]{25 \cdot 5} = \sqrt[3]{125} = 5$**
8. $\sqrt[3]{128} \cdot \sqrt[3]{4} =$ **$\sqrt[3]{128 \cdot 4} = \sqrt[3]{512} = 8$**
9. $\sqrt[3]{648} : \sqrt[3]{3} =$ **$\sqrt[3]{648 : 3} = \sqrt[3]{216} = 6$**
10. $\sqrt[3]{324} : \sqrt[3]{12} =$ **$\sqrt[3]{324 : 12} = \sqrt[3]{27} = 3$**

38

Teilweises Wurzelziehen

Teilweises Wurzelziehen ist möglich. Dabei wird der Radikand (= Wurzelgrundzahl) so zerlegt, dass aus einem Teil sogleich die Wurzel gezogen wird. Das Teilergebnis wird als Multiplikation mit dem übrigen Teil aufgeschrieben.

Das teilweise Wurzelziehen wird auch als partielles Wurzelziehen bezeichnet.
pars (lat.) = Teil; radix (lat.) = Wurzel

Beispiele:

$\sqrt{20} = \sqrt{4 \cdot 5} = \sqrt{4} \cdot \sqrt{5} = 2 \cdot \sqrt{5}$

$\sqrt{54} = \sqrt{9 \cdot 6} = \sqrt{9} \cdot \sqrt{6} = 3 \cdot \sqrt{6}$

Wir beschränken uns auf die positiven Wurzelwerte.

$\sqrt[3]{81} = \sqrt[3]{27 \cdot 3} = \sqrt[3]{27} \cdot \sqrt[3]{3} = 3 \cdot \sqrt[3]{3}$

$\sqrt[3]{128} = \sqrt[3]{64 \cdot 2} = \sqrt[3]{64} \cdot \sqrt[3]{2} = 4 \cdot \sqrt[3]{2}$

Aufgaben:
Ziehe jeweils teilweise die Wurzeln. Beschränke dich dabei auf die positiven Wurzelwerte.

1. $\sqrt{8} =$ **$\sqrt{4 \cdot 2} = \sqrt{4} \cdot \sqrt{2} = 2 \cdot \sqrt{2}$**
2. $\sqrt{24} =$ **$\sqrt{4 \cdot 6} = \sqrt{4} \cdot \sqrt{6} = 2 \cdot \sqrt{6}$**
3. $\sqrt{45} =$ **$\sqrt{9 \cdot 5} = \sqrt{9} \cdot \sqrt{5} = 3 \cdot \sqrt{5}$**
4. $\sqrt{48} =$ **$\sqrt{16 \cdot 3} = \sqrt{16} \cdot \sqrt{3} = 4 \cdot \sqrt{3}$**
5. $\sqrt{75} =$ **$\sqrt{25 \cdot 3} = \sqrt{25} \cdot \sqrt{3} = 5 \cdot \sqrt{3}$**
6. $\sqrt[3]{24} =$ **$\sqrt[3]{8 \cdot 3} = \sqrt[3]{8} \cdot \sqrt[3]{3} = 2 \cdot \sqrt[3]{3}$**
7. $\sqrt[3]{54} =$ **$\sqrt[3]{27 \cdot 2} = \sqrt[3]{27} \cdot \sqrt[3]{2} = 3 \cdot \sqrt[3]{2}$**
8. $\sqrt[3]{192} =$ **$\sqrt[3]{64 \cdot 3} = \sqrt[3]{64} \cdot \sqrt[3]{3} = 4 \cdot \sqrt[3]{3}$**
9. $\sqrt[3]{250} =$ **$\sqrt[3]{125 \cdot 2} = \sqrt[3]{125} \cdot \sqrt[3]{2} = 5 \cdot \sqrt[3]{2}$**
10. $\sqrt[3]{864} =$ **$\sqrt[3]{216 \cdot 4} = \sqrt[3]{216} \cdot \sqrt[3]{4} = 6 \cdot \sqrt[3]{4}$**

39

Wurzeln als Potenzen schreiben und umgekehrt

Umwandlung von Wurzeln in Potenzen:

Wurzeln lassen sich in Potenzen mit gebrochenem Exponenten umwandeln. Mit gebrochenem Exponenten ist gemeint: Der jeweilige Exponent ist ein Bruch. Bei der Umwandlung wird der Wurzelexponent zum Nenner, der Exponent des Radikanden zum Zähler des Radikanden.

Beispiele:

$\sqrt{64} = \sqrt[2]{64^1} = 64^{\frac{1}{2}}$

$\sqrt[3]{27} = \sqrt[3]{27^1} = 27^{\frac{1}{3}}$

$\sqrt[3]{8^2} = 8^{\frac{2}{3}}$

$\sqrt[4]{16} = \sqrt[4]{16^1} = 16^{\frac{1}{4}}$

Umwandlung von Potenzen mit gebrochenem Exponenten in Wurzeln:

Potenzen mit gebrochenem Exponenten können in Wurzeln umgewandelt werden. Dabei wird der Nenner des Exponenten zum Wurzelexponenten, der Zähler zum Exponenten des Radikanden. Gesagt wird: Potenzen mit gebrochenen Exponenten sind Wurzeln.

Beispiele:

$16^{\frac{1}{2}} = \sqrt[2]{16^1}$

$8^{\frac{1}{3}} = \sqrt[3]{8^1} = \sqrt[3]{8}$

$9^{\frac{2}{4}} = 9^{\frac{1}{2}} = \sqrt[2]{9^1} = \sqrt{9}$

Aufgaben:

Wandle um in Potenzen.

1. $\sqrt{18} =$ **$81^{\frac{1}{2}}$**
2. $\sqrt{121} =$ **$121^{\frac{1}{2}}$**
3. $\sqrt[2]{64} =$ **$64^{\frac{1}{3}}$**
4. $\sqrt[3]{6^2} =$ **$6^{\frac{3}{4}}$**
5. $\sqrt[4]{4^2} =$ **$4^{\frac{2}{4}} = 4^{\frac{1}{2}}$**

Wandle um in Wurzeln.

6. $16^{\frac{1}{2}} =$ **$\sqrt{16}$**
7. $125^{\frac{1}{3}} =$ **$\sqrt[3]{125}$**
8. $1^{\frac{2}{3}} =$ **$\sqrt[3]{1^2}$**
9. $6^{\frac{2}{3}} =$ **$\sqrt[3]{6^2}$**
10. $27^{\frac{2}{3}} =$ **$\sqrt[3]{27^2}$**

40 © PERSEN Verlag

Wurzel-, Klammer-, Punkt- und Strichrechnung

Ebenso wie die Potenzrechnung hat die Wurzelrechnung als eine höhere Rechenart in gemischten Aufgaben Vorrang vor der Punktrechnung (= Multiplikation, Division) und der Strichrechnung (= Addition, Subtraktion). Bekanntlich hat die Punktrechnung Vorrang vor der Strichrechnung.

Zuerst muss jedoch ausgerechnet werden, was in der/den Klammer(n) steht, erst anschließend, was sich außerhalb befindet. Man sollte folgenden Merkspruch kennen und richtig anwenden: Punkt vor Strich, die Klammer aber sagt: „Zuerst komme ich."

Zwei Beispiele:

$4 + \sqrt{16} - 2 \cdot \sqrt{9} = 4 + 4 - 2 \cdot 3 = 8 - 6 = 2$

$(5 + 3) \cdot \sqrt{25} - 75 : 3 = 8 \cdot \sqrt{25} - 25 = 8 \cdot 5 - 25 = 40 - 25 = 15$

} Wir beschränken uns auf die positiven Wurzelwerte.

Aufgaben:

Berechne. Beschränke dich dabei auf die positiven Wurzelwerte.

1. $8 \cdot 7 - 6 + \sqrt{64} =$ **$56 - 6 + 8 = 58$**
2. $6 + 5 - 45 : 9 + \sqrt{121} =$ **$11 - 5 + 11 = 17$**
3. $(5 \cdot 3) : \sqrt[3]{125} + \sqrt{100} =$ **$15 : 5 + 10 = 3 + 10 = 13$**
4. $\sqrt{49} \cdot \sqrt{81} - 6 \cdot (4 + 5) =$ **$7 \cdot 9 - 6 \cdot 9 = 63 - 54 = 9$**
5. $4 \cdot (\sqrt[3]{8} + \sqrt[3]{64}) - 35 : 7 =$ **$4 \cdot (2 + 4) - 5 = 4 \cdot 6 - 5 = 24 - 5 = 19$**
6. $(27 : 9) \cdot \sqrt{144} - \sqrt[3]{216} - 12 =$ **$3 \cdot 12 - 6 - 12 = 36 - 18 = 18$**
7. $\sqrt{225} \cdot \sqrt[3]{27} - (9 - 6) \cdot 3 =$ **$15 \cdot 3 - 3 \cdot 3 = 45 - 9 = 36$**
8. $(\sqrt{256} - \sqrt[3]{343}) \cdot 8 - 56 : 7 =$ **$(16 - 7) \cdot 8 - 8 = 9 \cdot 8 - 8 = 72 - 8 = 64$**
9. $(\sqrt{400} : \sqrt[3]{1000}) \cdot 5 - 4 \cdot 7 =$ **$(20 : 10) \cdot 5 - 28 = 2 \cdot 5 - 28 = 10 - 28 = -18$**
10. $3 \cdot (\sqrt[3]{729} - \sqrt[3]{512}) - 3 \cdot (13 - 5) =$ **$3 \cdot (9 - 8) - 3 \cdot 8 = 3 \cdot 1 - 24 = 3 - 24 = -21$**

© PERSEN Verlag 41

Textaufgaben • 1

1. Die 25 Schüler einer Schulklasse stellen sich so auf, dass es gleich viele Reihen mit gleich vielen Schülern gibt. Wie viele Reihen mit gleich vielen Schülern werden gebildet?

Rechnung: $\sqrt{25} = 5$

Antwortsatz: **5 Reihen mit jeweils 5 Schülern werden gebildet.**

2. In einer Schachtel befinden sich verpackt insgesamt 64 Tabletten in verschiedenen Schichten. Die Anzahl der Tabletten in jeder Schicht ist gleich und entspricht der Anzahl der Schichten in der Schachtel. Wie viele Tabletten liegen in einer Schicht?

Rechnung: $\sqrt{64} = 8$

Antwortsatz: **In jeder der 8 Schichten liegen 8 Tabletten.**

3. Die Anzahl der blühenden Rosen in einem großen Beet quadrierte sich auf 9. Wie viele Rosen blühten vorher auf dem Beet?

Rechnung: $\sqrt{9} = 3$

Antwortsatz: **In dem Beet blühten vorher 3 Rosen.**

4. Wie viel ergibt die Kubikwurzel aus 64?

Rechnung: $\sqrt[3]{64} = 4$

Antwortsatz: **Die Kubikwurzel (= 3. Wurzel) aus 64 ist 4.**

5. Aus welcher Zahl beträgt die dritte Wurzel als Wurzelwert 5?

Rechnung: $\sqrt[3]{?} = 5 \quad 5^3 = 125$

Antwortsatz: **Bei der 3. Wurzel aus 125 beträgt der Wurzelwert 5.**

42 © PERSEN Verlag

Textaufgaben • 2

6. Die quadratische Fläche eines Gartens ist 196 m³ groß. Wie lang ist jede Seite der quadratischen Fläche?

Rechnung:

$a^2 = 196\ m^2 \quad |\sqrt{\ }$

$a = 14\ m$

Antwortsatz: **Jede Seite der quadratischen Fläche ist 14 m lang.**

7. Die Seiten eines Quadrats sind jeweils 9 cm lang. Wie lang ist jede Seite eines Quadrats, dessen Flächengröße viermal so groß ist?

Rechnung:

1. Quadrat: $A = 9\ cm \cdot 9\ cm$

$A = 81\ cm^2$

2. Quadrat: $A = 81\ cm^2 \cdot 4$

$A = 324\ cm^2$

$a^2 = 324\ cm \quad |\sqrt{\ }$

$a = 18\ cm$

Antwortsatz: **Jede Seite des viermal größeren Quadrats ist 18 cm lang.**

8. Die Flächengröße eines Kreises beträgt 200 cm². Berechne den Radius des Kreises.

Rechnung:

$A = \pi \cdot r^2 \quad |:\pi$

$\frac{A}{\pi} = r^2 \quad |$ Seitentausch

$r^2 = \frac{A}{\pi} \quad |\sqrt{\ }$

$r = \sqrt{\frac{A}{\pi}}$

$r \approx \sqrt{\frac{200\ cm^2}{3{,}14}}$

$r \approx \sqrt{63{,}69\ cm^2}$

$r \approx 7{,}98\ cm$

Antwortsatz: **Der Radius des Kreises beträgt ca. 7,98 cm.**

9. Wie lang ist der Durchmesser eines Kreises, der eine Flächengröße von 400 cm² aufweist?

Rechnung:

$A = \pi \cdot r^2 \quad |:\pi$

$\frac{A}{\pi} = r^2 \quad |$ Seitentausch

$r^2 = \frac{A}{\pi} \quad |\sqrt{\ }$

$r = \sqrt{\frac{A}{\pi}}$

$r \approx \sqrt{\frac{400\ cm^2}{3{,}14}}$

$r \approx \sqrt{127{,}39\ cm^2}$

$r \approx 11{,}29\ cm$

Durchmesser:

$d = 2 \cdot r$

$d \approx 2 \cdot 11{,}29\ cm$

$d \approx 22{,}58\ cm$

Antwortsatz: **Die Länge des Durchmessers ist ca. 22,58 cm.**

© PERSEN Verlag 45

Textaufgaben • 3

10. Ein Kreis und ein Quadrat haben dieselbe Flächengröße. Der Kreis besitzt einen Radius von 10 cm. Welche Länge hat jede Seite des Quadrats?

Rechnung:

$A_{Kreis} = \pi \cdot r^2$
$A_{Kreis} \approx 3{,}14 \cdot (10\text{ cm})^2$
$A_{Kreis} \approx 3{,}14 \cdot 100\text{ cm}^2$
$A_{Kreis} \approx 314\text{ cm}^2$

$A_{Quadrat} = a^2$ | Seitentausch
$a^2 = A_{Quadrat}$
$a^2 \approx 314\text{ cm}^2$ | $\sqrt{}$
$a \approx 17{,}72\text{ cm}$

Antwortsatz: Jede Seite des Quadrats hat eine Länge von ca. 17,72 cm.

11. Ein Behälter hat die Form eines Würfels. Wie lang ist jede Kante des Behälters, der das Volumen 3,375 m^3 aufweist?

Rechnung:

$V = a^3$ | Seitentausch
$a^3 = V$ | $\sqrt[3]{}$
$a = \sqrt[3]{V}$

$a = \sqrt[3]{3{,}375\text{ m}^3}$
$a = 1{,}5\text{ m}$

Antwortsatz: Jede Kante des Behälters ist 1,5 m lang.

12. Die Oberfläche eines Würfels beträgt 384 cm^2. Welche Länge besitzt jede Kante des Würfels?

Rechnung:

$O = 6 \cdot a^2$ | Seitentausch
$6 \cdot a^2 = O$ | : 6
$a^2 = \frac{O}{6}$ | $\sqrt{}$

$a = \sqrt{\frac{384\text{ cm}^2}{6}}$
$a = \sqrt{64\text{ cm}^2}$
$a = 8\text{ cm}$

Antwortsatz: Jede Kante des Würfels ist 8 cm lang.

13. Berechne die Seitenlänge einer quadratischen Pyramide. Das Volumen der Pyramide beträgt 2 000 m^3, die Höhe 15 m.

Rechnung:

$V = \frac{1}{3} a^2 \cdot h$ | Seitentausch
$\frac{1}{3} a^2 \cdot h = V$ | : h
$\frac{1}{3} a^2 = \frac{V}{h}$ | · 3

$a^2 = \frac{3 \cdot V}{h}$ | $\sqrt{}$
$a = \sqrt{\frac{3 \cdot V}{h}}$
$a = \sqrt{\frac{3 \cdot 2\,000\text{ m}^3}{15\text{ m}}}$
$a = \sqrt{\frac{6\,000\text{ m}^3}{15\text{ m}}}$
$a = \sqrt{4\,000\text{ m}^2}$
$a = 20\text{ m}$

Antwortsatz: Die Seitenlänge der quadratischen Pyramide beträgt 20 m.

46 © PERSEN Verlag

Textaufgaben • 4

14. Welchen Radius weist eine Kugel mit einer Oberfläche von 3 000 cm^2 auf?

Rechnung:

$O = 4\pi \cdot r^2$ | Seitentausch
$r^2 \cdot 4\pi = O$ | : 4π
$r^2 = \frac{O}{4\pi}$ | $\sqrt{}$
$r = \sqrt{\frac{O}{4\pi}}$

$r \approx \sqrt{\frac{3\,000\text{ cm}^2}{4 \cdot 3{,}14}}$
$r \approx \sqrt{\frac{3\,000\text{ cm}^2}{12{,}56}}$
$r \approx \sqrt{238{,}85\text{ cm}}$
$r \approx 15{,}45\text{ cm}$

Antwortsatz: Die Kugel hat einen Radius von ca. 15,45 cm.

15. Welchen Radius hat eine Kugel mit einem Volumen von 25 000 cm^3?

Rechnung:

$V = \frac{4}{3}\pi \cdot r^3$ | Seitentausch
$\frac{4}{3}\pi \cdot r^3 = V$ | : π
$\frac{4}{3}\pi \cdot r^3 = \frac{V}{\pi}$ | $\cdot \frac{3}{4}$
$r^3 = \frac{3 \cdot V}{4 \cdot \pi}$ | $\sqrt[3]{}$

$r \approx \sqrt[3]{\frac{3 \cdot V}{4 \cdot \pi}}$
$r \approx \sqrt[3]{\frac{3 \cdot 25\,000\text{ cm}^3}{4 \cdot 3{,}14}}$
$r \approx \sqrt[3]{\frac{75\,000\text{ cm}^3}{12{,}56}}$
$r \approx \sqrt[3]{5\,971{,}34\text{ cm}^3}$
$r \approx 18{,}14\text{ cm}$

Antwortsatz: Die Kugel hat einen Radius von ca. 18,14 cm.

16. Eine Kathete ist 5 cm lang, die andere Kathete 12 cm. Welche Länge hat die Hypotenuse?

Rechnung:

$H^2 = K_I^2 + K_{II}^2$
$H^2 = (5\text{ cm})^2 + (12\text{ cm})^2$
$H^2 = 25\text{ cm}^2 + 144\text{ cm}^2$
$H^2 = 169\text{ cm}^2$ | $\sqrt{}$
$H = 13\text{ cm}$

Antwortsatz: Die Hypotenuse ist 13 cm lang.

17. Berechne die Länge einer Kathete, wenn die andere Kathete 8 cm und die Hypotenuse 17 cm lang sind.

Rechnung:

$K_{II}^2 = H^2 - K_I^2$
$K_{II}^2 = (17\text{ cm})^2 - (8\text{ cm})^2$
$K_{II}^2 = 289\text{ cm}^2 - 64\text{ cm}^2$
$K_{II}^2 = 225\text{ cm}^2$ | $\sqrt{}$
$K_{II} = 15$

Antwortsatz: Die gesuchte Kantenlänge beträgt 15 cm.

© PERSEN Verlag 47

Textaufgaben • 5

18. Die Länge eines Rechtecks beträgt 18 cm, die Breite 12 cm. Wie lang ist jede der beiden Diagonalen des Rechtecks?

Rechnung:

$H^2 = K_I^2 + K_{II}^2$
$H^2 = (18\ cm)^2 + (12\ cm)^2$
$H^2 = 324\ cm^2 + 144\ cm^2$
$H^2 = 368\ cm^2 \quad |\sqrt{}$
$H \approx 19{,}18\ cm$

Antwortsatz: **Jede Diagonale hat eine Länge von 19,18 cm.**

19. Schräg steht eine 7 m lange Leiter auf dem Boden 2 m von der Hauswand entfernt. In welcher Höhe berührt die Leiter die Hauswand?

Rechnung:

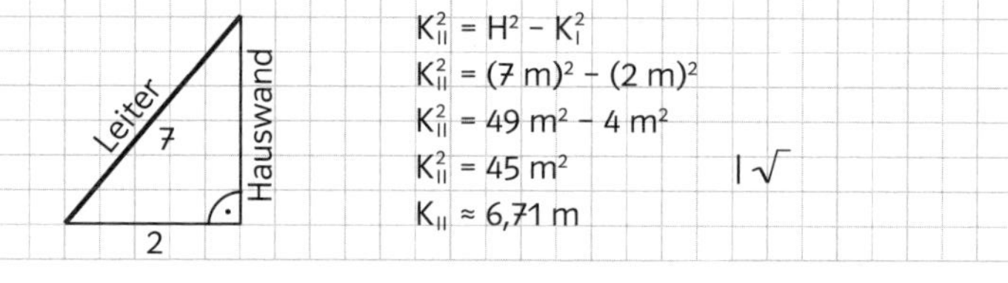

$K_{II}^2 = H^2 - K_I^2$
$K_{II}^2 = (7\ m)^2 - (2\ m)^2$
$K_{II}^2 = 49\ m^2 - 4\ m^2$
$K_{II}^2 = 45\ m^2 \quad |\sqrt{}$
$K_{II} \approx 6{,}71\ m$

Antwortsatz: **Die Leiter berührt die Hauswand in einer Höhe von ca. 6,71 m.**

20. Durch einen Sturm wird eine senkrecht stehende Fahnenstange in 6 m Höhe umgeknickt, sodass die Spitze 7 m vom Fußpunkt der Fahnenstange entfernt den Erdboden berührt. Wie lang ist die umgeknickte Fahnenstange?

Rechnung:

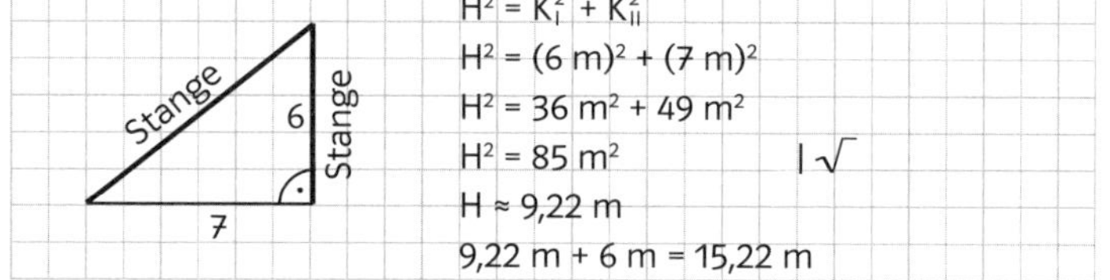

$H^2 = K_I^2 + K_{II}^2$
$H^2 = (6\ m)^2 + (7\ m)^2$
$H^2 = 36\ m^2 + 49\ m^2$
$H^2 = 85\ m^2 \quad |\sqrt{}$
$H \approx 9{,}22\ m$
$9{,}22\ m + 6\ m = 15{,}22\ m$

Antwortsatz: **Die umgeknickte Fahnenstange ist ca. 15,22 m lang.**

Test A: Potenzen und Wurzeln

Name:

erreichte Punktzahl:

1. Welcher Teil wird bei Potenzen als Basis bezeichnet?

Die unten stehende Zahl bzw. Variable (= Grundzahl).

2. Rechne aus. $3^4 =$ **$3 \cdot 3 \cdot 3 \cdot 3 = 81$**

3. Wie heißt die nächste Kubikzahl nach 64?

125

4. Rechne aus. $\left(\frac{2}{5}\right)^3 =$ **$\frac{2}{5} \cdot \frac{2}{5} \cdot \frac{2}{5} = \frac{8}{125}$**

5. Rechne aus.

$(-6)^3 =$ **$(-6) \cdot (-6) \cdot (-6) = -216$**

6. Notiere den Exponenten, damit die Gleichung stimmt. $2^{\mathbf{6}} = 64$

7. Wandle um in eine Potenz. $0{,}04 =$ **$0{,}2^2$**

8. Berechne den Potenzwert.

$7^{-3} =$ **$\frac{1}{7^3} = \frac{1}{7 \cdot 7 \cdot 7} = \frac{1}{343}$**

9. Rechne aus. $4^3 + 3^3 - 2^3 =$ **$64 + 27 - 8 = 83$**

10. Rechne aus. $9^2 \cdot 10^2 =$ **$81 \cdot 100 = 8100$**

11. Rechne aus. $(8 + 4)^2 - 3 \cdot (5 + 3)^2 =$

$12^2 - 3 \cdot 8^2 = 144 - 192 = -48$

12. Schreibe als Zehnerpotenz.

$8\,600\,000 =$ **$8{,}6 \cdot 10^6$**

13. Die Kantenlängen einer würfelförmigen Schachtel betragen jeweils 8 cm. Wie groß ist das Volumen der Schachtel?

$V = 8\ cm \cdot 8\ cm \cdot 8\ cm$

$V = 512\ cm^3$

14. Welcher Teil wird bei Wurzeln als Wurzelexponent bezeichnet?

Der Teil links oberhalb des Wurzelzeichens.

15. Rechne aus. $\sqrt{256} =$ **± 16**

16. Zwischen welchen beiden natürlichen Zahlen liegt der Wurzelwert von $\sqrt{350}$?

Zwischen 18 und 19

17. Zwischen welchen beiden natürlichen Zahlen liegt der Wurzelwert von $\sqrt[3]{5\,000}$?

Zwischen 17 und 18

18. Ergänze, was fehlt, damit die Gleichung stimmt. $\sqrt[3]{\mathbf{729}} = 9$

19. Rechne aus. $3 \cdot \sqrt[3]{64} + 2 \cdot \sqrt{81} - 4 \cdot \sqrt[3]{27} =$

$3 \cdot 4 + 2 \cdot 9 - 4 \cdot 3 = 12 + 18 - 12 = 18$

20. Rechne aus. $\sqrt{24} : \sqrt{6} =$ **$\sqrt{4} = 2$**

21. Ziehe teilweise die Wurzel.

$\sqrt{27} =$ **$\sqrt{9 \cdot 3} = \sqrt{9} \cdot \sqrt{3} = 3 \cdot \sqrt{3}$**

22. Schreibe als Potenz. $\sqrt[3]{125} =$ **$125^{\frac{1}{3}}$**

23. Rechne aus. $\sqrt{49} \cdot \sqrt{64} - 3 \cdot (2 + 3) =$

$7 \cdot 8 - 3 \cdot 5 = 56 - 15 = 41$

24. Ein quadratförmiges Grundstück ist 784 m² groß. Wie lang ist jede Seite des Grundstücks?

$\sqrt{784} = 28$

Jede Seite des Grundstücks ist 28 m lang.

Lösungen

Test B: Potenzen und Wurzeln

Name:

erreichte Punktzahl:

1. Welcher Teil wird bei Potenzen als Exponent bezeichnet?
   Die kleine oben stehende Zahl (= Hochzahl).
2. Rechne aus. $4^3 = \mathbf{4 \cdot 4 \cdot 4 = 64}$
3. Wie heißt die nächste Kubikzahl nach 125?
   216
4. Rechne aus. $\left(\frac{3}{4}\right)^3 = \frac{3}{4} \cdot \frac{3}{4} \cdot \frac{3}{4} = \frac{27}{64}$
5. Rechne aus. $(-5)^3 = \mathbf{(-5) \cdot (-5) \cdot (-5) = -125}$
6. Notiere den Exponenten, damit die Gleichung stimmt. $2^{\mathbf{7}} = 128$
7. Wandle um in eine Potenz. $0{,}01 = \mathbf{0{,}1^2}$
8. Berechne den Potenzwert.
   $8^{-3} = \frac{1}{8^3} = \frac{1}{8 \cdot 8 \cdot 8} = \frac{1}{512}$
9. Rechne aus.
   $3^4 + 2^3 - 4^4 = \mathbf{81 + 8 - 256 = -167}$
10. Rechne aus. $10^2 \cdot 7^2 = \mathbf{100 \cdot 49 = 4\,900}$
11. Rechne aus. $(7 + 6)^2 - 2 \cdot (10 - 4)^2 =$
    $\mathbf{13^2 - 2 \cdot 6^2 = 169 - 72 = 97}$
12. Schreibe als Zehnerpotenz.
    $6\,800\,000 = \mathbf{6{,}8 \cdot 10^6}$
13. Die Kanten einer würfelförmigen Schachtel sind jeweils 9 cm lang. Wie viel beträgt das Volumen der Schachtel?
    V = 9 cm · 9 cm · 9 cm
    V = 729 cm³
14. Welcher Teil wird bei Wurzeln als Radikand bezeichnet?
    Der Teil unter dem Wurzelzeichen.
15. Rechne aus. $\sqrt{289} = \mathbf{\pm 17}$
16. Zwischen welchen beiden natürlichen Zahlen liegt der Wurzelwert von $\sqrt{200}$?
    Zwischen 14 und 15
17. Zwischen welchen beiden natürlichen Zahlen liegt der Wurzelwert von $\sqrt[3]{6\,000}$?
    Zwischen 18 und 19
18. Ergänze, was fehlt, damit die Gleichung stimmt. $\sqrt[3]{\mathbf{512}} = 8$
19. Rechne aus. $4 \cdot \sqrt[3]{8} + 3 \cdot \sqrt{64} - 2 \cdot \sqrt[3]{27} =$
    $\mathbf{4 \cdot 2 + 3 \cdot 8 - 2 \cdot 3 = 8 + 24 - 6 = 26}$
20. Rechne aus. $\sqrt{32} : \sqrt{8} = \mathbf{\sqrt{4} = 2}$
21. Ziehe teilweise die Wurzel.
    $\sqrt{28} = \mathbf{\sqrt{4 \cdot 7} = \sqrt{4} \cdot \sqrt{7} = 2 \cdot \sqrt{7}}$
22. Schreibe als Potenz. $\sqrt[3]{216} = \mathbf{216^{\frac{1}{3}}}$
23. Rechne aus. $\sqrt{49} \cdot \sqrt{81} - 2 \cdot (4 + 2) =$
    $\mathbf{7 \cdot 9 - 2 \cdot 6 = 63 - 12 = 51}$
24. Eine quadratische Fläche hat eine Größe von 841 m². Wie lang ist jede Seite der Fläche?
    $\mathbf{\sqrt{841} = 29}$
    Jede Seite der Fläche ist 29 m lang.

50

Lernerfolgskontrolle 1 • 1

Was kannst du?

Wie heißt das Fachwort für das Endergebnis des Potenzierens? **Potenzwert** ①	Rechne aus. $2^5 = \mathbf{2 \cdot 2 \cdot 2 \cdot 2 \cdot 2 = 32}$ ②	Welche Zahl ist die kleinste Quadratzahl und Kubikzahl? **1** ③
Rechne aus. $\left(\frac{2}{3}\right)^2 = \frac{2}{3} \cdot \frac{2}{3} = \frac{4}{3}$ ④	Rechne aus. $(-4)^2 = \mathbf{(-4) \cdot (-4) = 16}$ ⑤	Bestimme den Exponenten, damit die Gleichung stimmt. $4^{\mathbf{4}} = 256$ ⑥
Wandle um in eine Potenz. $27 = \mathbf{3^3}$ ⑦	Rechne um in einen Bruch. $5^{-3} = \frac{1}{5^3} = \frac{1}{5 \cdot 5 \cdot 5} = \frac{1}{125}$ ⑧	Rechne aus. $2^3 + 6^2 - 5^1 = \mathbf{8 + 36 - 5 = 39}$ ⑨
Rechne aus. $8^2 \cdot 9^2 = \mathbf{64 \cdot 81 = 5184}$ ⑩	Rechne aus. $3 \cdot (9 - 2) + (8 - 4)^3 =$ $\mathbf{3 \cdot 7^2 + 4^3 = 3 \cdot 49 + 64 =}$ $\mathbf{147 + 64 = 211}$ ⑪	Gib an als Zehnerpotenz. $384\,000 = \mathbf{3{,}84 \cdot 10^5}$ ⑫

52

Lernerfolgskontrolle 1 • 2

Was kannst du?

Angenommen: Vier Bakterien sind vorhanden. Sie vermehren sich durch Zweiteilung alle 20 Minuten. Wie viele Bakterien gibt es nach einer Stunde?

$4^3 = 4 \cdot 4 \cdot 4 = 64$ Bakterien

⑬

Wie lautet das Fachwort für das Endergebnis beim Wurzelziehen?

Wurzelwert

⑭

Rechne aus.

$\sqrt[3]{512} = \mathbf{8}$

⑮

Zwischen welchen beiden natürlichen Zahlen liegt das Ergebnis des Wurzelziehens von $\sqrt{450}$?

zwischen 21 und 22

⑯

Zwischen welchen beiden natürlichen Zahlen liegt das Ergebnis des Wurzelziehens von $\sqrt[3]{2000}$?

zwischen 12 und 13

⑰

Ergänze, was fehlt, damit die Gleichung stimmt.

$\sqrt[3]{\mathbf{1000}} = 10$

⑱

Rechne aus.

$4^3 + 5^2 - 3^4 = \mathbf{64 + 25 - 81 = 8}$

⑲

Rechne aus.

$\sqrt[3]{135} : \sqrt[3]{5} = \mathbf{\sqrt[3]{135 : 5} = \sqrt[3]{27} = 3}$

⑳

Ziehe teilweise die Wurzel.

$\sqrt{12} = \mathbf{\sqrt{4} \cdot \sqrt{3} = 2 \cdot \sqrt{3}}$

㉑

Schreibe als Potenz.

$\sqrt[3]{343} = \mathbf{343^{\frac{1}{3}}}$

㉒

Rechne aus.

$\sqrt{64} + \sqrt{81} - 4 \cdot (9 - 7) =$

$\mathbf{8 + 9 - 4 \cdot 2 = 17 - 8 = 9}$

㉓

Eine würfelförmige Schachtel hat ein Volumen von 729 cm³. Wie lang ist jede Kante der Schachtel?

$\mathbf{\sqrt[3]{729} = 9}$

Jede Kante der Schachtel ist 9 cm lang.

㉔

53

54

Lernerfolgskontrolle 2 • 1

Was kannst du?

Erkläre kurz, was Potenzen sind.

Potenzen sind geschriebene Kurzformen für das Malnehmen gleicher Zahlen oder Variablen.

①

Rechne aus.

$3^5 = \mathbf{3 \cdot 3 \cdot 3 \cdot 3 \cdot 3 = 243}$

②

Welche der folgenden vier Zahlen sind Quadratzahlen und welche sind Kubikzahlen?

8 9 100 1000

Quadratzahlen: 9 und 100

Kubikzahlen: 8 und 1000

③

Rechne aus.

$0{,}2^3 = \mathbf{0{,}2 \cdot 0{,}2 \cdot 0{,}2 = 0{,}008}$

④

Rechne aus.

$(-7)^3 = \mathbf{(-7) \cdot (-7) \cdot (-7) = -343}$

⑤

Bestimme die Basis, damit die Gleichung stimmt.

$\mathbf{25}^2 = 625$

⑥

Wandle um in eine Potenz.

$-64 = \mathbf{(-4)^3}$

⑦

Rechne um in einen Bruch.

$6^{-3} = \mathbf{\frac{1}{6^3} = \frac{1}{216}}$

⑧

Rechne aus.

$(-5)^3 + 4^4 - 2^4 = \mathbf{-125 + 256 - 16 = 115}$

⑨

Rechne aus.

$9^6 : 9^4 = \mathbf{9^6 : 9^4 = 9^2 = 81}$

⑩

Rechne aus.

$(24 : 6)^3 - (3 + 2)^2 =$

$\mathbf{4^3 - 5^2 = 64 - 25 = 39}$

⑪

Gib an als Zehnerpotenz.

$0{,}00045 = \mathbf{4{,}5 \cdot 10^{-4}}$

⑫

© PERSEN Verlag

Lösungen

Lernerfolgskontrolle 2 • 2

Was kannst du?

Als Neuwagen kostete ein Auto 20 000 Euro. Welchen Wert hat das Auto nach vier Jahren bei einem jährlichen Wertverlust von 15 %?

$20\,000 \cdot 0{,}85^3 = 20\,000 \cdot 0{,}614125 = 12\,282{,}50$

Der Wert beträgt noch ca. 12 282,50 Euro.

(13)

Erkläre, was ein Radikand ist.

Der Radikand (= Wurzelgrundzahl) steht unter dem Wurzelzeichen. Aus dem Radikanden gilt es, die Wurzel zu ziehen.

(14)

Rechne aus.

$\sqrt[3]{393} = \mathbf{7}$

(15)

Zwischen welchen beiden natürlichen Zahlen liegt das Ergebnis des Wurzelziehens von $\sqrt{600}$?

zwischen 24 und 25

(16)

Zwischen welchen beiden natürlichen Zahlen liegt das Ergebnis des Wurzelziehens von $\sqrt[3]{4\,000}$?

zwischen 15 und 16

(17)

Ergänze, was fehlt, damit die Gleichung stimmt.

$\sqrt[3]{\mathbf{216}} = 6$

(18)

Rechne aus.

$4^3 - 3^5 + 2^6 = \mathbf{64 - 243 + 64 = -115}$

(19)

Rechne aus.

$\sqrt{6} \cdot \sqrt{24} = \mathbf{\sqrt{6 \cdot 24} = \sqrt{144} = 12}$

(20)

Ziehe teilweise die Wurzel.

$\sqrt{45} = \mathbf{\sqrt{9} \cdot \sqrt{5} = 3 \cdot \sqrt{5}}$

(21)

Schreibe als Potenz.

$\sqrt[3]{8^2} = \mathbf{8^{\frac{2}{3}}}$

(22)

Rechne aus.

$(\sqrt{196} - \sqrt[3]{125}) \cdot 5 - 4 \cdot 6 =$

$(14 - 5) \cdot 5 - 4 \cdot 6 =$

$9 \cdot 5 - 24 = 45 - 24 = 21$

(23)

Die Hypotenuse eines rechtwinkligen Dreiecks ist 10 cm lang, eine Kathete 8 cm. Wie lang ist die andere Kathete?

$K_{II}^2 = (10\text{ cm})^2 - (8\text{ cm})^2$

$K_{II}^2 = 100\text{ cm}^2 - 64\text{ cm}^2$

$K_{II}^2 = 36\text{ cm}^2$

$K_{II} = \sqrt{36}\text{cm}^2$

$K_{II} = 6\text{ cm}$

Die andere Kathete ist 6 cm lang.

(24)

55

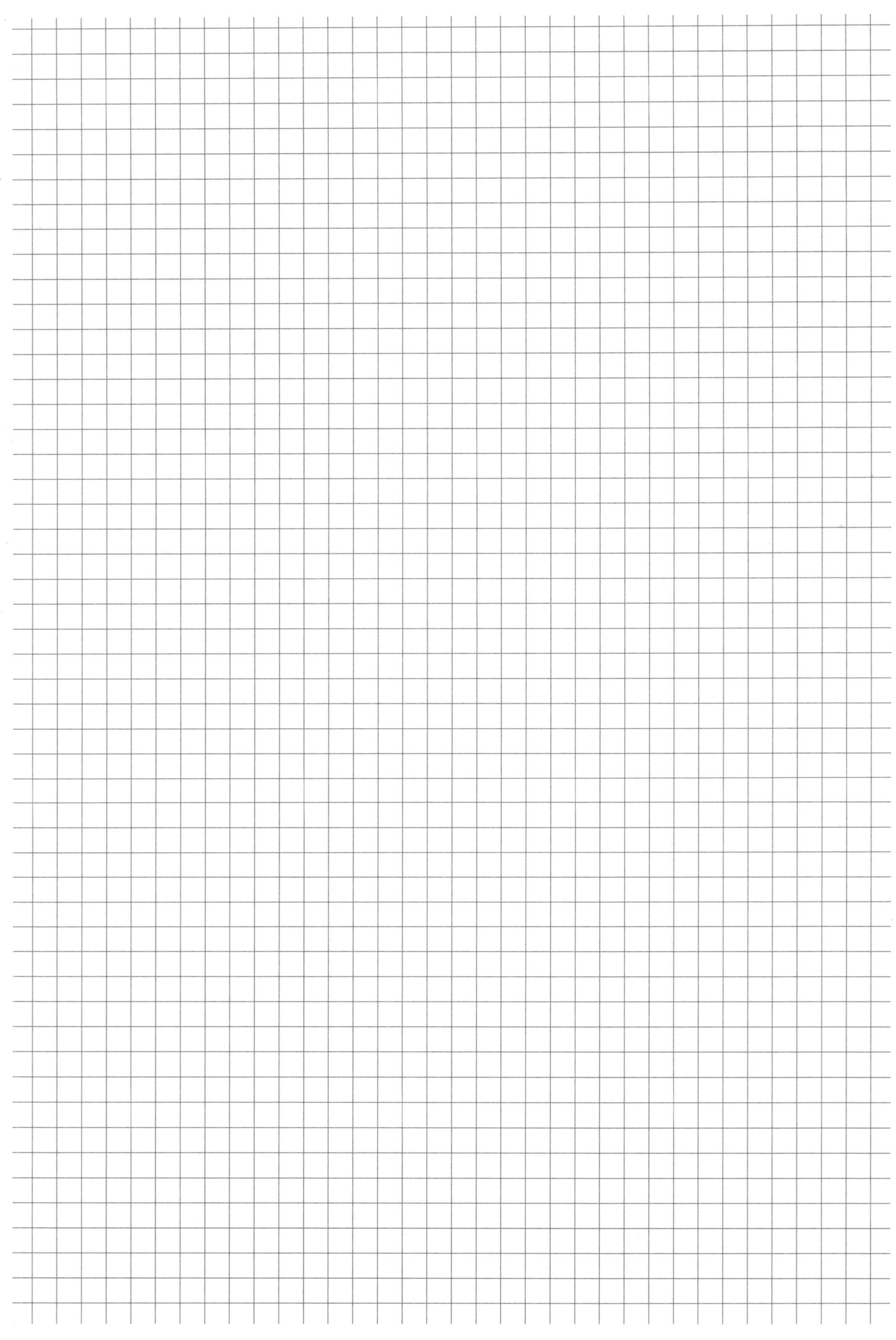